JN093377

コスト削減ができる
脱炭素経営

小久保 優 著

技報堂出版

目　　次

［Ⅰ．基礎編］

第1章　脱炭素経営を目指す理由【経営者対象】 ……………………… 3

1.1　脱炭素化に向けた温室効果ガス（GHG）排出量削減計画の策定では、
　　　期待される5つのメリットから自社の課題を理解することが大切です
　　　……………………………………………………………………………… 3
　(1)　中小企業が取り組む脱炭素化と期待される5つのメリット ………… 3
　(2)　1つ目のメリットは、サプライチェーンでの優位性の構築（自社の競
　　　争力を強化し、売上・受注を拡大） …………………………………… 4
　(3)　2つ目のメリットは、光熱費・燃料費のエネルギー低減と原材料と製
　　　品のコスト削減……………………………………………………………… 5
　(4)　3つ目のメリットは、投資環境が整備された企業としての知名度や認
　　　知度の向上…………………………………………………………………… 5
　(5)　4つ目のメリットは、脱炭素の要請に対応することによる、社員のモ
　　　チベーション向上や人材獲得力の強化、企業活動の持続可能性の向上
　　　……………………………………………………………………………… 7
　(6)　5つ目のメリットは、新たな機会の創出に向けたビジネスチャンスに
　　　有利……………………………………………………………………………… 7
1.2　企業の脱炭素化への取り組みは、「経営戦略のビジネスチャンス」と「事
　　　業活動の効率化」の2つの理由で判断する ……………………………… 9
　(1)　企業のカーボンニュートラルの取り組みは、「経営戦略のビジネスチャ
　　　ンス」と「事業活動の効率化」の2側面から判断すべきであるが、大
　　　切なのは「事業活動の効率化」…………………………………………… 9
　(2)　経営戦略のビジネスチャンスは、実施前に自社の財務への効果を検証
　　　してから判断する…………………………………………………………… 9
　(3)　経営戦略のビジネスチャンスは、直接的、間接的な売上と利益からも
　　　判断できる…………………………………………………………………… 10

（4）経営戦略のビジネスチャンスを、自社の排出削減量対策のキャッシュフローから判断するための表……………………………………… 11

（5）事業活動の効率化は、自社の取り組み目標を明確化することから始める…………………………………………………………………… 11

（6）経営戦略のビジネスチャンス、事業活動の効率化の取り組みは、5つのメリットを検討して、効果を明確化することから進める……… 12

（7）カーボンニュートラルに取り組みは、企業の課題、現在の一般的な対策や取り組み状況、支援策の把握から始める………………… 13

（8）事業の効率化によるカーボンニュートラル実現のためのステップ…………………………………………………………………… 13

（9）事業の効率化の結果は、サプライチェーン全体で温室効果ガス排出量を可視化すること……………………………………………… 14

1.3　企業の脱炭素化のための4つのSTEPと推進体制の組織化　……… 16

（1）脱炭素化に向けた計画策定の検討手順…………………………… 16

（2）STEP1 長期的なエネルギー転換の方針の検討（投資改善）…… 16

（3）STEP2 短中期的な省エネ対策の洗い出し（運用改善）………… 18

（4）STEP3 再生可能エネルギー電力の調達手段の検討……………… 19

（5）STEP4 削減対策の精査と計画へのとりまとめ………………… 19

第2章　何から始めたらよいか。どこに相談に行けばよいか
　　　　【技術管理者対象】………………………………………… 21

2.1　脱炭素化実施のための6つのフェーズ（脱炭素化は請求書の可視化から始める）…………………………………………………………… 21

2.2　（STEP1〜2）データの分析は、技術管理者が請求書から設備等の使用構成、エネルギー管理状況を検討すること……………………… 22

（1）脱炭素化診断（現地診断）は、請求書によるエネルギーの管理状況の確認から始める………………………………………………… 22

（2）請求書の活用とは、技術管理者が供給元によるエネルギーごとの使用量と料金の計算方法の比較、使用状況の特徴や変化を見ること… 23

（3）ガスの使用量（Scope 1）について、LPガスは適正価格で、都市ガスは原料費調整額の上限のある会社から購入する（ガス供給先からの請

　　　求書の見方の例） ‥‥‥‥‥‥‥‥‥‥‥‥‥‥‥‥‥‥‥‥‥‥‥‥‥　23

　（4）電気の使用量（Scope 2）は、技術管理者が契約電力、力率、再エネ
　　　賦課金、燃料調整費、時間帯に注意する（電力供給先からの請求書の
　　　見方の例）‥‥‥‥‥‥‥‥‥‥‥‥‥‥‥‥‥‥‥‥‥‥‥‥‥‥‥　25

　（5）エネルギー使用量から CO2 排出量を算出する計算式 ‥‥‥‥‥‥　27

　（6）ガスのエネルギー使用量から CO2 排出量の計算結果例 ‥‥‥‥　28

　（7）A 重油のエネルギー使用量から CO2 の排出量の計算結果例 ‥‥　28

　（8）電気のエネルギー使用量から CO2 排出量の計算結果例 ‥‥‥‥　29

　（9）請求書からエネルギー管理表を作成し、どれだけコストがかかってい
　　　るか、どれだけの量を使っているかを、技術管理者が確認する‥　30

　（10）エネルギー管理表の活用は、設備の切替え・導入・改善と運用改善
　　　か投資改善に分け、分析する資料 ‥‥‥‥‥‥‥‥‥‥‥‥‥‥　31

　（11）第 1 段階として、使用構成、エネルギー管理状況を検討すること
　　　‥‥‥‥‥‥‥‥‥‥‥‥‥‥‥‥‥‥‥‥‥‥‥‥‥‥‥‥‥‥‥　31

　（12）第 2 段階として、エネルギー割合、CO2 排出割合を把握すること
　　　‥‥‥‥‥‥‥‥‥‥‥‥‥‥‥‥‥‥‥‥‥‥‥‥‥‥‥‥‥‥‥　32

　（13）第 3 段階として、省エネ量、コスト削減額、投資回収年数などを具
　　　体的に検討すること ‥‥‥‥‥‥‥‥‥‥‥‥‥‥‥‥‥‥‥‥‥　33

　（14）データの分析による運用改善と投資改善の提案例 ‥‥‥‥‥‥　33

2.3　（STEP 1 〜 2）データ分析結果は、経営層と技術管理者の役割に応じた
　　CO2 排出量削減の判断の資料とすること ‥‥‥‥‥‥‥‥‥‥‥‥‥　35

　（1）データ分析結果は、経営層と技術管理者の役割に応じて活用される
　　　‥‥‥‥‥‥‥‥‥‥‥‥‥‥‥‥‥‥‥‥‥‥‥‥‥‥‥‥‥‥‥　35

2.4　（STEP 1 〜 2）長期的、短中期的対策は、技術管理者と部門別管理者が
　　データを可視化すること ‥‥‥‥‥‥‥‥‥‥‥‥‥‥‥‥‥‥‥‥　36

　（1）長期的エネルギー転換（投資改善）対策は、技術管理者が既設設備の
　　　改善、新設を検討すること‥‥‥‥‥‥‥‥‥‥‥‥‥‥‥‥‥‥　36

　（2）短中期的省エネ（運用改善）対策は、部門別管理者が運用データを具
　　　体的に可視化できるように実施者に指示すること ‥‥‥‥‥‥‥　36

　（3）運用改善は、部門別管理者が設備の運転条件を可視化して最適化する
　　　こと‥‥‥‥‥‥‥‥‥‥‥‥‥‥‥‥‥‥‥‥‥‥‥‥‥‥‥‥‥　36

　（4）部門別管理者が実施する、設備に対する運用改善項目と必要な計測項

　　　目例………………………………………………………………………… 37

2.5 （STEP 4）組織化の原則は、経営層が決めた温室効果ガスとコストの削
　　 減を全社で意欲を持って確実に組織的に実行すること ………… 38

（1）エネルギーの可視化による脱炭素化の進め方（利益が出る取り組み・
　　 組織化）………………………………………………………………… 38

（2）組織化の原則は、技術管理者が決めた役割・原則・実行方法を、意欲
　　 を持って確実に継続的に実行し、結果・成果を評価すること …… 38

（3）技術管理者が決めた目標を達成するため、提案項目について「誰が責
　　 任者（部門別管理者）・担当者（実施者）」で、「何をしなければなら
　　 ないか」を決める……………………………………………………… 39

（4）利益が出る脱炭素化活動の進め方（組織の役割と取り組み）の PDCA
　　 例………………………………………………………………………… 40

（5）適切な PDCA を回して生み出される、生産性の向上による売上と利
　　 益の向上には、さまざまな方法がある……………………………… 40

（6）組織が継続的に PDCA を回すポイントは、各種補助事業の活用
　　 …………………………………………………………………………… 41

（7）部門別管理者が実施する、継続的な運用改善活動の評価例……… 41

（8）経営層と技術管理者が実施する投資改善は、設備入替・増設、融資、
　　 事業再構築であり、その支援策の例………………………………… 42

2.6 （STEP 4）技術管理者が判断する、企業の目的に応じた補助金、相談窓
　　 口紹介 ………………………………………………………………… 44

（1）中小企業向けの主な支援策を受けるには、事前に相談目的、内容を検
　　 討しておくこと………………………………………………………… 44

（2）相談窓口紹介：主として Scope 1・2 を対象とした相談窓口 …… 44

（3）カーボンニュートラル・オンライン相談窓口：経済産業省（中小機構）
　　 の Scope 1・2 に対する基礎的な Web 相談と、環境省の先進的な取り
　　 組み支援策（補助と診断）…………………………………………… 45

（4）省エネお助け隊：地域密着型の省エネ相談………………………… 46

（5）省エネ最適化診断：省エネ診断による省エネ・再エネ提案を実施 46

（6）環境省等の脱炭素化促進計画策定、分析、診断、設備更新：工場・事
　　 業場における先導的な脱炭素化取り組み推進事業（SHIFT 事業）
　　 …………………………………………………………………………… 46

[Ⅱ. 専門知識編]

第3章　Scope 1（エネルギー調達手段の検討）の取り組み方
　　　　【技術管理者対象】 ……………………………………………… 51

3.1　Scope 1 再生可能エネルギー転換実施のための 5 つのフェーズ（Scope 1
　　 は、経営者のエネルギー転換方針を共有し、脱炭素とコスト削減策を
　　 段階的に推進する）………………………………………………… 51
3.2　（STEP 1）経営者が実施する、エネルギー転換方針の検討 ………… 52
　（1）エネルギー転換の方針は、経営者が将来の技術開発動向も見据えつつ、
　　　 電力を除く主要設備の温室効果ガスの削減と維持管理のコスト削減
　　　 計画を立てることが重要………………………………………… 52
3.3　（STEP 1）経営者が自社の電気を除く方針を全ての部門に示し、技術管
　　 理者が全社でエネルギー使用を継続的に削減する計画を立てる … 53
　（1）Scope 1 とは、経営者が自社の電気を除く方針を示し、技術管理者が
　　　 第 2 章を参考に全てのエネルギー使用を、長期的、継続的に削減する
　　　 計画を立て、実施すること……………………………………… 53
3.4　（STEP 1）技術管理者が原材料調達・製造・物流・販売・廃棄など、自
　　 社の燃料使用の一連の流れから発生する温室効果ガス排出量を算出す
　　 る ………………………………………………………………… 54
　（1）技術管理者が自社の燃料使用量を確認し、第 2 章で説明したように、
　　　 燃料ごとに発生する発熱量（削減対策に使用）、温室効果ガス排出量
　　　 を算出する……………………………………………………… 54
3.5　（STEP 2 ～ 3）技術管理者がエネルギー使用量チェックシートを作成し、
　　 コスト削減策を決める ………………………………………… 55
　（1）技術管理者は、自社の燃料使用量、発熱量、CO2 排出量と年間管理
　　　 費がわかるエネルギー使用量チェックシートを作成し、投資改善策を
　　　 決める…………………………………………………………… 55
　（2）Scope 1 の投資改善は、技術管理者が、代表的な投資改善策を参考に、
　　　 企業自らの対策を検討することから始める………………… 56
　（3）既存設備の投資改善は、技術管理者がコスト削減と環境保全対策の補
　　　 助制度を活用して、企業の負担を低減する………………… 57

3.6　(STEP 4) 経営者が判断する新規設備導入、既存設備改善は、目的に応
　　じた補助金を選択 ……………………………………………………… 58
　(1)　環境省の脱炭素化効果が高い生産設備に対する投資改善：従来よりも
　　　省エネ性能の高い生産工程の構築　カーボンニュートラルに向けた
　　　投資促進税制 (CN 税制) ………………………………………………… 58
　(2)　環境省の条件に応じた設備投資改善：先進的省エネルギー投資促進支
　　　援事業補助………………………………………………………………… 58

第 4 章　Scope 2 (電力調達手段の決定) の取り組み方
　　　　　【技術管理者対象】 ……………………………………………… 61

4.1　電力調達手段決定のための 5 つのフェーズ (Scope 2 は、オンサイト型
　　PPA かバーチャル PPA かを決定すること) ………………………… 61
4.2　(STEP 1 ～ 2) Scope 2 は、技術管理者が電力会社から供給される自社
　　の総電気使用量を知ることから始める ……………………………… 62
　(1)　電気使用量の把握は、技術管理者が電気の供給元ごと、熱の種類ごと
　　　の CO2 排出量を合算して算出することから始める ……………… 62
　(2)　電力会社から供給される電気使用量の削減は、電力供給会社に対し、
　　　自社の取り組みルールを示すことから始める ………………………… 62
　(3)　Scope 2 の温室効果ガス排出量の計算方法は、電気の供給元 (再生可
　　　能エネルギー電気の調達手段を含む) ごとの排出係数で算出した
　　　CO2 排出量を合算 ……………………………………………………… 63
4.3　(STEP 1 ～ 2) 再生可能エネルギーを使用する電気コスト削減は、調達
　　手段で決まる ……………………………………………………………… 64
　(1)　再生可能エネルギー電気の調達手段は、技術管理者が 4 つの分類から
　　　検討する………………………………………………………………… 64
　(2)　①自家発電・自家消費は投資費用を回収しやすいメリットがある
　　　…………………………………………………………………………… 64
　(3)　②小売事業者からの再エネ電力購入は、導入先事業者が取引先に最エ
　　　ネ事業者 (例えば RE100 参加企業など) として認められているか確
　　　認すること………………………………………………………………… 65
　(4)　②再生可能エネルギー電気の調達 (Scope 2) ／静岡県再エネ電気事

　　業者例‥‥‥‥‥‥‥‥‥‥‥‥‥‥‥‥‥‥‥‥‥‥‥‥‥‥‥‥‥‥　66

（5）③発電事業者（PPA 事業者）からの再エネ電力購入には、オンサイ
　　ト型とオフサイト型があり、企業の状況に応じて検討すること‥‥　67

（6）③オンサイト型 PPA の発電形態は、自家発電と同じだが、違いは
　　PPA 事業者が発電設備を設置すること。技術管理者がメリット、デ
　　メリットを考慮して判断すること‥‥‥‥‥‥‥‥‥‥‥‥‥‥‥　68

（7）③オンサイト型 PPA の導入は、技術管理者が設置条件と契約条件を
　　事前に確認すること‥‥‥‥‥‥‥‥‥‥‥‥‥‥‥‥‥‥‥‥‥　69

（8）③オフサイト型 PPA は、PPA 契約先企業に適当な建物や敷地がない
　　場合でも、初期費用なしで再エネ電力を送配電網経由で、安定調達で
　　きるメリットがある。間接型と直接型があり、技術管理者がそれぞれ
　　のメリット、デメリットを考慮して判断すること‥‥‥‥‥‥‥　71

（9）④グリーン電力証書、J−クレジットの購入は、自家発電で賄いきれ
　　ない CO2 削減の不足分を購入する方法‥‥‥‥‥‥‥‥‥‥‥‥　72

4.4　（STEP 3）オンサイト型 PPA への補助金は、建築以外に自然災害に対
　　応できる太陽光発電設備と蓄電池の普及が目的。オフサイト型 PPA へ
　　の補助金は、さまざまな再エネ電力の活用事業への補助が目的。経営
　　者が判断する　‥‥‥‥‥‥‥‥‥‥‥‥‥‥‥‥‥‥‥‥‥‥‥　73

（1）環境省のオンサイト型 PPA への補助金は、再エネ導入・価格低減促
　　進と調整力確保等により、地域の再エネ主力化とレジリエンス（エネ
　　ルギーの自立）強化を図るのが目的：ストレージパリティの達成に向
　　けた太陽光発電設備等の価格低減促進事業‥‥‥‥‥‥‥‥‥‥　73

（2）環境省の建築物への太陽光発電設備と蓄電池の導入が可能なオンサイ
　　ト型PPAへの補助金は、スピーディーな意思決定と決裁手続きが必要：
　　（1）ストレージパリティの達成に向けた太陽光発電設備等の価格低減
　　促進事業（経済産業省連携事業）‥‥‥‥‥‥‥‥‥‥‥‥‥‥　74

（3）環境省の建築物以外への太陽光発電設備の導入が可能なオンサイト型
　　PPA への補助金：（2）新たな手法による再エネ導入・価格低減促進
　　事業（一部農林水産省・経済産業省連携事業）‥‥‥‥‥‥‥‥　75

（4）環境省のオフサイト型 PPA への補助金は、選択肢が多いデマンド・
　　サイド型：（1）ストレージパリティの達成に向けた太陽光発電設備等
　　の価格低減促進事業（経済産業省連携事業）‥‥‥‥‥‥‥‥‥　76

（5）経済産業省のＪ－クレジット活性化に向けた取り組み：2050 年カーボンニュートラルに向けたＪ－クレジットの活性化策 …………… 77

4.5 （STEP 4）再生可能エネルギー電力の調達手段比較表（将来、オフサイト PPA は非化石証書に移行か？）………………………………… 78

（1）再生可能エネルギー電力の調達手段は、技術管理者が事業者の現状に応じて長所、短所、補助制度から決定する ……………………… 78

（2）バーチャル PPA とは、非化石証書の取引に移行して、設備費や管理費を削減する方法………………………………………………… 80

第 5 章　Scope 3（経営改善につながる）の取り組み方
【技術管理者対象】 ……………………………………… 83

5.1 Scope 3 実施のための 5 つのフェーズ（Scope 3 は、サプライチェーンの温室効果ガスを 5S 活動で管理すること） ………………… 83

5.2 （STEP 1 〜 2）Scope 3 とは、経営者が企業活動と温室効果ガス（GHG）の関連性を理解すること ………………………………… 84

（1）Scope 3 とは企業活動（カテゴリ 1 〜 15 の合算）で直接排出した温室効果ガス（GHG）排出量が該当し、コスト削減に一番影響を与える………………………………………………………………… 84

5.3 （STEP 1 〜 2）Scope 3 は、経営者が自社の温室効果ガス（GHG）排出量削減とサプライチェーン排出量削減との関連性を理解すること　85

（1）Scope 3 での温室効果ガス（GHG）排出量削減の特徴は、サプライチェーンの上流側 1 社の削減を各企業でシェアすること ………… 85

（2）Scope 3 のサプライチェーンの温室効果ガス（GHG）排出量の削減と算定の取り組みは、自社だけではない対外的なメリットをもたらすことを、経営者が認識すること ……………………………………… 85

（3）Scope 3 の目的は、サプライチェーン全体の温室効果ガス（GHG）排出量の情報開示（TCFD）／目標設定（SBT 等）の求めに応じ、世界的な脱炭素化に貢献すること ……………………………………… 87

5.4 （STEP 1 〜 2）Scope 3 は、技術管理者が自社とサプライチェーンの上下流の温室効果ガス（GHG）排出量を削減すること ……………… 88

（1）Scope 3 の実施に必要なサプライチェーン温室効果ガス（GHG）排出量の算定は、目標設定、範囲確認、カテゴリ分類、算定の 4 つの段階

　　　で行うこと……………………………………………………………… 88

　（2）経営者や技術管理者が用意する、Scope 3 に必要な基本的算定資料、
　　　サプライチェーン温室効果ガス（GHG）排出量の算定方法は、環境
　　　省「グリーン・バリューチェーンプラットフォーム」に掲載されてい
　　　る……………………………………………………………………… 89

5.5　（STEP 1～2）技術管理者と部門別管理者が管理する「活動量」から、
　　　自社の温室効果ガス（GHG）排出量を算定する ………………… 90

　（1）温室効果ガス（GHG）排出量算定は、技術管理者と部門別管理者が
　　　管理する「活動量」と「排出原単位」の掛け算………………… 90

5.6　（STEP 4）カテゴリごとの温室効果ガスは、5S 活動で管理する … 92

　（1）カテゴリ 1「購入した製品・サービス」は、原材料から製品までの
　　　3R の推進が重要（整理・整頓）………………………………… 92

　（2）カテゴリ 2「資本財」は、設備や工場のライフサイクルに対するキャッ
　　　シュフローの削減が重要（清掃・清潔）……………………… 93

　（3）カテゴリ 3「Scope 1・2 に含まれない燃料及びエネルギー活動」は、
　　　Scope1・2 以外の燃料使用量の削減が重要（整理）…………… 94

　（4）カテゴリ 4「輸送、配送（上流）」は、1 回ごとの輸送距離、重量等の
　　　輸送手段を検討し、全社の合計値の削減が重要（整理、整頓）… 95

　（5）カテゴリ 5「事業から出る廃棄物」は、分別した廃棄物処理量が重要
　　　（整理、整頓）………………………………………………………… 96

　（6）カテゴリ 6「出張」は、出張形態の検討が重要（整頓、しつけ）
　　　……………………………………………………………………… 97

　（7）カテゴリ 7「雇用者の通勤」は、通勤形態の検討が重要（整頓）
　　　……………………………………………………………………… 98

　（8）カテゴリ 8「リース資産（上流）」は、デジタルトランスフォーメーショ
　　　ン（DX）によるスモールオフィス化の検討が重要（整理、清掃）
　　　……………………………………………………………………… 99

　（9）カテゴリ 9「輸送、配送（下流）」は、カテゴリ 4「輸送、配送（上流）」
　　　と同じ、1 回ごとの輸送距離、重量等の輸送手段を検討し、全社の合
　　　計値の削減が重要（整理・整頓）………………………………… 100

　（10）カテゴリ 10「販売した製品の加工」は、製品の生産の規模、影響、
　　　外部からの要求等を考慮した検討が重要（整理、整頓）………… 101

(11) カテゴリ 11「販売した製品の使用」は、GHG 排出量の少ない製品の販売が重要（整理、清掃）‥‥‥‥‥‥‥‥‥‥‥‥‥‥‥‥‥‥‥ 102

(12) カテゴリ 12「販売した製品の廃棄」は、カテゴリ 1「購入した製品・サービス」と同じ、原材料から製品までの 3R の推進が重要（整理、整頓）‥‥‥‥‥‥‥‥‥‥‥‥‥‥‥‥‥‥‥‥‥‥‥‥‥‥‥‥‥ 103

(13) カテゴリ 13「リース資産（下流）」は、カテゴリ 8「リース資産（上流）」と同じ、デジタルトランスフォーメーション（DX）によるスモールオフィス化の検討が重要（整理、清掃）‥‥‥‥‥‥‥‥‥‥‥‥ 104

(14) カテゴリ 14「フランチャイズ」は、フランチャイズ加盟店の各種エネルギー使用量の削減が重要（整理）‥‥‥‥‥‥‥‥‥‥‥‥‥‥ 104

(15) カテゴリ 15「投資」は、投資先プロジェクトの生涯稼動時における各種エネルギー使用量の削減が重要（整理）‥‥‥‥‥‥‥‥‥‥ 105

(16) その他とは、従業員や消費者の日常生活の GHG 排出量の削減（整理、清掃、清潔）‥‥‥‥‥‥‥‥‥‥‥‥‥‥‥‥‥‥‥‥‥‥‥‥ 106

[Ⅲ．専門応用・課題解決編]

第 6 章　Scope 1・2・3 の削減対策の取り組み方
　　　　【技術管理者対象】‥‥‥‥‥‥‥‥‥‥‥‥‥‥‥‥‥‥‥‥‥ 111

6.1　温室効果ガスとコストの削減実施のための 6 つのフェーズ（請求書、エネルギー使用量チェックシート、エネルギー管理表、5M+1E、5S 活動の強化が基本）‥‥‥‥‥‥‥‥‥‥‥‥‥‥‥‥‥‥‥‥‥‥‥ 111

6.2　（STEP 1 〜 2）コスト削減策としての温室効果ガス排出削減は、請求書の分析が基本　‥‥‥‥‥‥‥‥‥‥‥‥‥‥‥‥‥‥‥‥‥ 112

（1）Scope 1・2　第 3 次産業は、請求書、エネルギー使用量チェックシートから、経営者がサービスの改善項目、施設の運用改善項目と投資改善項目を把握してコスト削減‥‥‥‥‥‥‥‥‥‥‥‥‥ 112

（2）Scope 1・2　運輸業の運用改善は、経営者が請求書から運行 3 費（燃料・タイヤ・修理費）の低減。投資改善は、次世代トラック導入等、輸送の効率化でコスト削減‥‥‥‥‥‥‥‥‥‥‥‥‥‥‥ 113

（3）Scope 1・2　製造業は、経営者が長期的なエネルギー転換の方針を作

成から、継続的な温室効果ガスとコストの削減を計画する ········ 114

(4) 削減計画①の省エネによるコスト削減の具体例 ····················· 116

(5) Scope 2 電力のコスト削減は、技術管理者による電気使用料金・託送料金の削減による投資改善と、部門別管理者による作業時間帯の変更の検討が基本 ·· 117

(6) Scope 2 電力のコスト削減（作業時間の検討）は、部門別管理者が時間帯による電力使用状況を測定する機器（スマートメーター等）を用意することから始める ·· 117

(7) Scope 2 電力のコスト削減は、技術管理者がエネルギー使用量チェックシートを活用し、デマンド監視装置で建物全体の一日の電力使用量を調べ、削減対策を検討する ································· 118

(8) Scope 1・2　中小製造業は、部門別管理者の運用改善と技術管理者の投資改善（既存設備の改善）だけでも十分なコスト削減が可能 ··· 119

(9) 製造業の Scope 1・2 のコスト削減は、部門別管理者が請求書とエネルギー使用量チェックシート、エネルギー管理表から「時間的な使用量」「季節的な使用量」「月別エネルギー別使用量」を洗い出して温室効果ガス排出量・エネルギー使用量を可視化するだけで可能 ······ 120

(10) 部門別管理者による削減計画①（省エネ）、技術管理者による削減計画③（設備更新）のコスト削減の具体例 ····························· 122

(11) 製造業の Scope 1・2 の脱炭素化とコスト削減は、「5M＋1E」による不良率削減と作業の平準化から始める ······························· 123

6.3 （STEP 1〜2）排出量の可視化・使用エネルギー量の管理は、補助金でIT を導入する ··· 126

(1) 経済産業省の排出量の見える化・使用エネルギー量の管理を行う排出量算定ツール、エネルギーマネジメントシステムの導入、生産性向上に資する取り組み：IT 導入補助金 ····························· 126

(2) 中小企業の IT 導入による生産性向上と事業継続の支援補助金：炭素生産性の向上（ものづくり・商業・サービス補助金のグリーン枠の活用） ·· 127

6.4 （STEP 1〜2）【削減計画①②】既存設備の運用改善は、エネルギー管理表でカーボンニュートラルに取り組む［→ 6.2（3）（削減計画）］
·· 128

（1）既存設備の温室効果ガス削減対策は、部門別管理者がエネルギー使用量チェックシートから、設備の稼働状態等を洗い出し、コスト削減計画（運用改善と投資改善）を検討する ……………………………… 128

（2）既存設備の改善は、部門別管理者が施設の費用割合から空調・換気設備、照明、ボイラー・給湯設備、受変電設備の順で運用改善を行う …………………………………………………………………… 128

（3）製造業における既存設備の投資改善は、技術管理者が発生熱量からボイラー、工業炉、コンプレッサ・ファン・ポンプ、動力・搬送設備等の排熱の再利用から始める ………………………………… 129

（4）既存設備の投資改善は、技術管理者が温度と費用から設備の排熱対策を考える……………………………………………………… 131

6.5 （STEP 1～2）既存設備の改善への補助金は、発熱量を参考にする ……………………………………………………………………… 132

（1）既存設備の改善への補助金は、3.6 の補助金を参照、要件に応じた補助金を経営者が申請…………………………………………… 132

6.6 （STEP 1～2）【削減計画③】設備の入れ替え・新設・増設は、エネルギー管理表を活用しカーボンニュートラルに取り組む ………………… 133

（1）新設備導入（投資改善）は、経営者の長期的なエネルギー転換の方針から、技術管理者がエネルギー管理表を活用し、生産性向上（コスト削減）と温室効果ガスの抑制に取り組むこと ………………… 133

6.7 （STEP 1～2）製品・サービスの開発、生産性向上に資する取り組み、設備の入れ替え・新設・増設への補助金とエコカー減税 ………… 134

（1）温室効果ガスの排出削減に資する革新的な製品・サービスの開発、生産性向上に資する取り組み：ものづくり補助金（グリーン枠）… 134

（2）経済産業省の①大きな脱炭素化効果を持つ製品の生産設備、②生産工程等の脱炭素化と付加価値向上を両立する設備の導入に対する補助金：カーボンニュートラルに向けた投資促進税制………………… 135

（3）資源エネルギー庁の利子補給事業（既存施設のボイラー増設、新設ビルへの高効率設備導入、ソフト面での省エネの取り組み）：省エネルギー設備投資に係る利子補給金………………………………… 136

（4）国交省の環境性能が優れている車への税金の優遇措置：エコカー減税 …………………………………………………………………… 137

（5）地域の CO2 削減計画への補助金、融資制度 ……………………… 137

6.8 （STEP 4）【削減計画④】Scope 3 の CO2 削減対策は、サプライチェーン内で 5S 活動の強化 …………………………………………… 138

（1）技術管理者が指示する、Scope 3 の温室効果ガス削減とコスト削減対策は、マテリアルフローの見直しを基本とすること ……………… 138

（2）Scope 3 の削減対策は、技術管理者が企業内の「活動量」と「排出原単位」の情報を集めることから始める ……………………………… 138

（3）Scope 3 の削減対策の進め方は、集めた自社の事業範囲の情報について、15 の排出カテゴリを 5 つに分類して分析することが基本 … 139

（4）Scope 3 の削減対策の進め方（上流側）：5 つの主要分類に対する、各カテゴリの削減策一覧表…………………………………………… 140

（5）Scope 3 の削減対策の進め方（下流側）：5 つの主要分類に対する、各カテゴリの削減策一覧表…………………………………………… 141

（6）Scope 3 の削減対策は、技術管理者が上流側の排出カテゴリのマテリアルフローの 3R を見直すことから始める ………………………… 142

（7）Scope 3 の技術管理者が実施する、上流側のマテリアルフローの削減は、「ビジネスモデルや製品設計を見直す」ことから始め、自社とサプライヤーとの業務分担の見直しにつなげる ………………………… 143

（8）Scope 3 の削減対策は、排出カテゴリのエネルギーフローを見直し、エネルギー管理表、エネルギー使用量チェックシートから、部門別管理者が最も望ましいエネルギー供給の設備構成や運用方法（供給条件）を追求すること………………………………………………………… 144

（9）Scope 3 のエネルギーフローの削減は、技術管理者が上流側の製造・販売のエネルギー消費の負荷条件と供給条件から構造・背景を洞察し、下流側のエネルギー使用を最適化すること ………………………… 144

（10）Scope 3 の削減対策は、部門別管理者が製品の加工・販売に係る負荷条件・供給条件から既存設備の改善・新設を提案、技術管理者が下流側のサプライチェーンの CO2 削減とコスト削減を実施すること ……………………………………………………………………… 145

6.9 （STEP 4）技術管理者が実施する、削減対策の精査・計画・改善の取りまとめ方法とそのメリット ……………………………………… 146

（1）Scope 3 の削減対策は、技術管理者が 2030 年までの計画を組み立て、

　　　　精査・改善を進めること……………………………………… 146

　（2）Scope 1・2・3 の削減対策は、温室効果ガスとコスト削減だけでなく、
　　　中長期排出削減目標等の設定でビジネスチャンス獲得に結びつく
　　　………………………………………………………………………… 146

　（3）削減計画の精査と取りまとめ例………………………………… 147

［Ⅳ．課題解決遂行編］

第 7 章　経営戦略向上に向けた投資環境の整備
　　　　（ビジネスチャンスの向上）【経営者対象】……………………… 151

7.1　カーボンニュートラルの実施に伴う、投資環境の好条件が整備されて
　　いる ……………………………………………………………………… 151
　（1）脱炭素化の実施で、選択できる投資促進税制がある：対象資産の特別
　　　償却、取得価額の税額控除………………………………………… 151
　（2）経営者が判断する、カーボンニュートラル実現のための投資を促す方
　　　策は、「長期資金供給」「利子補給制度」………………………… 152
　（3）カーボンニュートラル実現のための投資環境は、「TCFD」「ESG 資金」
　　　「ソーシャルボンド」……………………………………………… 153
　（4）経済界では、外部環境の変化を的確に捉え、TCFD や脱炭素に向けた
　　　目標設定（SBT、RE100 等）を要請することが社会経済の流れとなっ
　　　ている…………………………………………………………………… 153
7.2　TCFD（機構関連財務情報開示タスクフォース）・ESG 投資、ソーシャ
　　ルボンドは、企業選別条件。現在、増加傾向にある ……………… 155
　（1）ESG 投資とは、経営者が環境・社会・企業統治に配慮している企業
　　　かを重視・選別して行う投資のこと……………………………… 155
　（2）ソーシャルボンドとは、企業や国際機関が資金調達の債券の発行し、
　　　投資利益と社会改善効果の機会を提供すること………………… 156
7.3　投資環境（TCFD）向上のための 5 つのフェーズ（自社のリスクの明確
　　化、対応の組織化、リスクの分析、ステークホルダーの視点からの評価、
　　今後の課題の抽出）………………………………………………… 158
　（1）TCFD「賛同」「開示」は、投資チャンスと自社の経営強化が増える

　　メリットがある……………………………………………………… 158

　（2）TCFD「開示」は、経営者が投資家の立場から複数の気候変動に対す
　　　る「シナリオ分析」の経営戦略の立案を進めることが重要……… 160

第8章　脱炭素化に向けた目標設定（ビジネス環境の向上）
　　　　【経営者対象・技術管理者対象】………………………………… 163

8.1　伸びる企業は、経営者による脱炭素化の目標設定が必要 ………… 163

　（1）SBT とは、経営者が科学的根拠に基づいた目標設定をすること… 163

　（2）大手企業は、取引先サプライヤーに SBT 目標条件を要請 ……… 163

　（3）SBT 目標条件達成のための 4 つのフェーズ（中小企業版と大企業と
　　　では目標設定が異なる）………………………………………… 164

　（4）RE100 とは、使用する電力を 100％再生可能エネルギーで補うこと目
　　　指している企業のこと…………………………………………… 164

　（5）RE100 参加は、経営者が再生可能エネルギー由来の電力を使ってい
　　　ることの証明、企業のリスクの回避が目的………………………… 165

　（6）（参考）RE100 認定を目指す中小企業の削減事例 ………………… 166

　（7）再エネ 100 宣言 RE Action とは、中小企業の経営者が使用電力を
　　　100％再生可能エネルギーに転換する意思と行動を示し、技術管理者
　　　が使用するエネルギーを再エネにすること……………………… 166

　（8）SBT、RE100、再エネ 100 宣言 RE Action のステップ一覧表 …… 166

第9章　経営戦略のビジネスチャンス（新産業参入計画）
　　　　【経営者対象】………………………………………………… 169

9.1　カーボンニュートラルは、これからの日本が生きる道 ………… 169

　（1）カーボンニュートラルは、日本が先端技術で世界をリードする… 169

　（2）現在、日本ではカーボンニュートラルに向けた規制改革・標準化の推
　　　進、新技術を普及させる規制緩和・強化が進められている……… 169

　（3）カーボンプライシングとは、炭素の価格付けで排出者の行動を変容さ
　　　せる仕組み。Scope 1・2・3 を進めている企業は、ビジネスチャンス
　　　…………………………………………………………………… 170

(4) 公的な機関は民間投資に対して、脱炭素化の効果が高い製品への投資の優遇を図る税制上の措置を実施している ……………………… 170

(5) 企業の挑戦を後押しする産業政策「グリーン成長戦略」、環境関連の投資は、グローバル市場で大きな存在 ……………………… 171

(6) 新技術やアイディアを企業の成長につなげる新産業参入の取り組みは、14 の重要分野が選定されている。経営者の判断が求められる … 173

(7) 企業の新産業参入の支援策は、予算、税制、金融、規制改革と標準化等、あらゆる政策ツールで企業の挑戦をサポート ………………… 174

(8) 経営者のグリーン成長戦略への参入判断は、既存のビジネスの延長線上で、生産性向上・コスト削減につながる機器・システムの開発から進める…………………………………………………………… 174

(9) 経営者が業務展開したい、地域の中小企業のグリーン成長戦略に対する 3 つの取り組みポイント …………………………………… 175

(10)「グリーンイノベーション基金」は、10 年間の継続支援方策 ……………………………………………………………………… 175

9.2　新事業創出の補助金は、第 3 章、第 6 章で紹介した支援事業 …… 177

(1) 中小企業の新事業創出の補助金は、先進的省エネルギー投資促進支援事業費補助金（第 3 章）、ものづくり補助金「グリーン枠」（ものづくり・商業・サービス生産性向上促進事業）（第 6 章）…………… 177

9.3　グリーン成長戦略：エネルギー関連産業　PPA の補助金紹介 …… 178

(1) 既存建物、テナントビル、空き家等の CO_2 削減：既存建築物における省 CO_2 改修支援事業 ……………………………………… 178

(2) オフサイトから CO_2 削減制御：再エネ主力化に向けた需要側の運転制御設備等導入促進事業（デマンド・サイド・フレキシビリティ） ……………………………………………………………………… 178

(3) 離島の CO_2 削減の取り組み：再エネ主力化に向けた需要側の運転制御設備等導入促進事業（離島の再エネ自給率向上）……………… 179

(4) 複数の建物を直流で給電：平時の省 CO_2 と災害時避難施設を両立する直流による建物間融通支援事業……………………………… 180

(5) データセンターの新設に伴う設備の支援：データセンターのゼロエミッション化・レジリエンス強化促進事業（地域の再エネ電力供給） ……………………………………………………………………… 180

(6) データセンターの新設に伴う設備の支援：データセンターのゼロエミッション化・レジリエンス強化促進事業（データセンターの活用） 181

(7) 公共施設の有する（遠隔）制御の設備の支援：公共施設の設備制御による地域内再エネ活用モデル構築事業 182

9.4 グリーン成長戦略：輸送・製造関連産業 183

(1) 電気自動車、プラグインハイブリット、燃料電池自動車の導入：CEV補助金（クリーンエネルギー自動車導入事業） 183

(2) 電動車部品製造への挑戦、軽量化技術：カーボンニュートラルに向けた自動車部品サプライヤー事業転換支援事業 183

9.5 グリーン成長戦略：家庭・オフィス関連産業 ZEH、ZEB 184

(1) ZEH（Net Zero Energy House）とは、さらなる省エネルギーを実現し、再エネの自家消費率拡大を目指した需給一体型の住宅のこと 184

(2) 次世代 ZEH は、ZEH+ の要件と導入1要素。次世代 HEMS は、エネルギーの見える化、家電、電気設備を最適に制御するための管理システムが条件 185

(3) ZEB（Net Zero Energy Building）とは、高効率設備導入により、快適な室内環境を実現しながら、建物で消費する年間の一次エネルギーの収支をゼロにすることを目指した建物のこと 185

9.6 ZEH 補助金紹介：3省（国交省・経済産業省・環境省）による ZEH 支援制度、戸建て・集合住宅（高層）の支援 187

9.7 ZEB 補助金紹介：建築物等の脱炭素化・レジリエンス強化促進事業 188

(1) 災害発生時に活動拠点となる、公共性の高い新築の業務用施設の支援：新築建築物の ZEB 化支援事業 188

(2) 災害発生時に活動拠点となる、公共性の高い既設の業務用施設の支援：既存建築物の ZEB 化支援事業 188

9.8 カーボン・クレジットとは、省エネ機器導入や森林植栽等で生まれた CO2 の削減効果をクレジット（排出権）として発行する仕組み ... 189

(1) J－クレジットとは、CO2 削減・吸収量を市場で取引できる制度 189

(2) J－クレジットのメリットは、市場でのクレジット売却により利益を

上げられること。J−クレジット参加により、新たな取引先を獲得で
きること……………………………………………………………… 190
(3) J−クレジットのデメリットは、J−クレジットの売却額は常に変動
していること、登録や取引に時間がかかること、CO2削減のための
機器導入のコスト負担が増加すること ……………………………… 190
(4) J−クレジットの登録手続き、プロジェクト実行後は、一定期間モニ
タリングの実施と報告があることに注意……………………………… 191

第10章　脱炭素化に向けた流れ（グリーントランスフォーメーション）
　　　　【経営者対象】………………………………………………… 193

(1) 世界の流れは、T（トランジション）G（グリーン）I（イノベーション）
F（ファイナンス）の同時推進で、目的を達成（SDGs・パリ協定の
実現）する……………………………………………………………… 193
(2) より一層のカーボンニュートラル化は、Scope 1・2・3をグリーンデ
ジタル化すること……………………………………………………… 194

［Ⅰ．基礎編］

第1章
脱炭素経営を目指す理由
【経営者対象】

1.1 脱炭素化に向けた温室効果ガス（GHG）排出量削減計画の策定では、期待される5つのメリットから自社の課題を理解することが大切です

（1）中小企業が取り組む脱炭素化と期待される5つのメリット

　脱炭素経営は、「**事業体の活動に伴う温室効果ガスの排出を全体としてゼロにすること**（カーボンニュートラル：CN）」です。「**排出を全体としてゼロ**」というのは、二酸化炭素をはじめとする温室効果ガスの「**排出量**」から、植林、森林管理などによる「**吸収量**」を差し引いて、合計を**実質的にゼロ**にすることを意味しています。

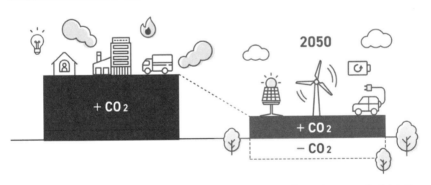

カーボンニュートラルの概念

出典：環境省HP　脱炭素ポータル「カーボンニュートラルとは」

　脱炭素経営は、さまざまな規制や制約などの社会情勢に対応する手段であり、加えて**5つのメリット**を生み出します。中小企業を含むすべての企業が脱炭素経営に取り組む5つのメリットを紹介します。

① **サプライチェーンでの優位性の構築（自社の競争力を強化し、売上・受注を拡大）**
② **光熱費・燃料費のエネルギー低減と原材料と製品のコスト削減**
③ **投資環境が整備された企業としての知名度や認知度の向上**
④ **脱炭素の要請に対応することによる、社員のモチベーション向上や人材獲得力の強化、企業活動の持続可能性の向上**
⑤ **新たな機会の創出に向けたビジネスチャンスに有利**

　脱炭素化に向けた**温室効果ガス（GHG）排出量削減計画の策定**では、期待される**5つのメリットから自社の課題を理解する**ことが大切です。

（2）1つ目のメリットは、サプライチェーンでの優位性の構築（自社の競争力を強化し、売上・受注を拡大）

　1つ目のメリットとは、**サプライチェーン**（製品の原材料・部品の調達から販売に至るまでの一連の流れ）**での優位性の構築**です。自社の競争力を強化することで、売上・受注を拡大できます。具体的には後述しますが、以下のような理由です。

　脱炭素化に向けた目標設定として、取引先の大企業からサプライヤー（企業活動に必要な原材料や資材、サービスなどを供給する売り手）に対するSBT目標の策定［→8.1（1）〜（4）（目標設定）］の働きかけが拡がりつつあります。

サプライチェーン排出量

Scope1：事業者自らによる温室効果ガスの直接排出（燃料の燃焼、工業プロセス）
Scope2：他社から供給された電気、熱・蒸気の使用に伴う間接排出
Scope3：Scope1、Scope2以外の間接排出（事業者の活動に関連する他社の排出）

出典：環境省・経済産業省　グリーン・バリューチェーンプラットフォーム「排出量算定について」

SBT 目標は、パリ協定が合意した「世界の気温上昇を産業革命前より2℃を十分に下回り、また1.5℃に抑える水準」と整合した、**企業の中長期的な削減目標**のことです。SBT 目標では、**自らの事業活動に伴うエネルギー関連の排出（Scope1、Scope 2）だけではなく、原材料・部品調達や製品の使用段階も含めた排出量（Scope3）の削減も目標として示すことを TCFD（気候関連財務情報開示タスクフォース）**［→ 7.3（投資環境）］が求めています。

そのため**脱炭素経営は自社製品の競争力確保・強化、ビジネス環境向上**に今後ますますつながっていく［→第9章（経営戦略のビジネスチャンス）］ものと考えられます。

(3) ２つ目のメリットは、光熱費・燃料費のエネルギー低減と原材料と製品のコスト削減

２つ目のメリットとは、**事業コストの削減**です。事業場で、消費される、光熱費・燃料費のエネルギー低減と原材料と製品のコスト削減を図ることができます。２つ目のメリットも、具体的に後述しますが、以下のような理由です。

Scope1［→第3章］、**Scope2**［→第4章］では、脱炭素経営に向けて**省エネ活動**と**創エネ活動**に取り組みます。エネルギーを多く消費する**非効率なプロセスや設備の更新**を進めていく必要があり、それに伴う**光熱費・燃料費の低減がメリット**となります。

Scope1［→第3章］、Scope2［→第4章］では、一般的には費用が高くなると思われがちな**再エネ電力の調達（創エネ活動）**についても、**補助金を活用**することで、**大きな追加負担なく実施**しているケースもあります。

Scope3［→ 5.6（環境保全活動）］では、**原材料から製品に至る全ての企業活動でのコスト削減が可能**です（**環境保全活動**）。

(4) ３つ目のメリットは、投資環境が整備された企業としての知名度や認知度の向上

３つ目のメリットとは、投資環境を整備された企業としての**知名度や認知度が向上**することです。具体的に後述しますが、以下のような理由です。

経営戦略開示（TCFD）、ESG 投資、ソーシャルボンド［→第7章（投資環境）］を行うことで、省エネに取り組み、大幅な温室効果ガス排出量の削減を達成した企業、再エネ導入を先駆的に進めた企業と見なされます。メディアで取り上

げられたり、国・自治体により**投資環境整備の情報が開示**されたりします。

　経営戦略開示（TCFD）は、環境・社会・企業統治に配慮した企業として投資を促す**自社の知名度・認知度向上**の証であり、**金融環境が整備された証明**です。

　経営戦略開示（TCFD）、SBTや**RE100**などの**目標設定**［→第8章］は、**副次効果として顧客層への浸透が期待**できます。特に**経営戦略開示（TCFD）**は、**企業選別の条件が整備された証明**ですので、投資家の企業の投資条件に重視される副次効果もあります。

　金融機関の中小企業に対する脱炭素化に向けた圧力が高まりつつあります。一方、融資先の選定基準に地球温暖化への取り組み状況を加味し、**脱炭素経営を進める企業への融資条件（長期資金供給、利子補給制度）を優遇する取り組み**［→7.1（投資環境）］も行われています。例えば、滋賀銀行は温室効果ガス排出量の削減や再生可能エネルギーの生産量または使用量などに関する目標の達成状況に応じて貸出金利が変動する「**サステナビリティ・リンク・ローン**」を開始しています。

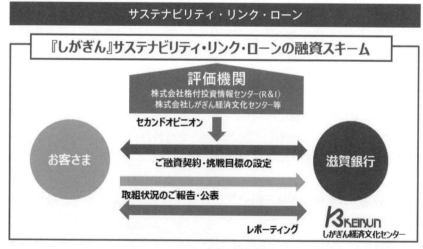

出典：滋賀銀行　ニュースリリース　2020.09.17

（5）４つ目のメリットは、脱炭素の要請に対応することによる、社員のモチベーション向上や人材獲得力の強化、企業活動の持続可能性の向上

４つ目のメリットとは、脱炭素の要請など、世界中で標準化される社会的な関心ごとに対し、事業者が同調することは、**社員のモチベーション向上や人材獲得力の強化、企業活動の持続可能性の向上**につながります。このメリットも具体的には後述しますが、以下のような理由です。

SBT や RE100［→ 8.1（目標設定）］など、気候変動という社会課題の解決に対して取り組む姿勢を示すことによって、社員の共感や信頼を獲得し、**社員のモチベーション向上**［→ 1.3（組織化）］につながります。

経営戦略開示（TCFD）［→ 7.3（投資環境）］は、環境・社会・企業統治に向けた対応です。気候変動問題への関心の高い人材から共感・評価され、「この会社で働きたい」と**意欲を持った人材を集める効果が期待**されます。

脱炭素経営は金銭的なメリットだけでなく、データ分析や運用改善、投資改善［→第２〜６章］にあたり、経営層、管理者、社員の判断が情報開示され、組織の役割、取り組みを通じた、**コミュニケーションによる企業活動の持続可能性の向上**［→ 9.1（ビジネスチャンス）］をもたらします。

（6）５つ目のメリットは、新たな機会の創出に向けたビジネスチャンスに有利

５つ目のメリットとは、いま日本が進めている方向に応じた産業構造を目指すことができます。これらの条件が整うことで、**新たな機会の創出に向けたビジネスチャンスに有利に働く**ことになります。このメリットも後述してありますが、概略は以下のとおりです。

GX（グリーントランスフォーメーション）［→第 10 章（脱炭素に向けた流れ）］とは、温室効果ガスの排出原因となっている化石燃料などから脱炭素ガスや太陽光・風力発電といった再生可能エネルギーに転換することで、**産業競争力を向上**［→ 9.2（新産業参入）］させ、**温室効果ガスの削減**を**経済社会システム全体の変革により目指します。**

グリーントランスフォーメーション（GX）

グリーントランスフォーメーション（GX）とは
温室効果ガスの排出削減と産業競争力向上の両立を目指す取り組み

【**GX が重要な理由**】
◎ カーボンニュートラルを表明する国の増加
◎ 金融機関などで ESG 投資の広がり
◎ サプライチェーン全体での脱炭素化
◎ 政府が掲げる「新しい資本主義」の投資分野の1つ

【**「新しい資本主義」の投資分野**】
◎ 人への投資と分配
◎ 科学技術・イノベーション
◎ スタートアップ・オープンイノベーション
◎ GX・DX

1.2 企業の脱炭素化への取り組みは、「経営戦略のビジネスチャンス」と「事業活動の効率化」の２つの理由で判断する

(1) 企業のカーボンニュートラルの取り組みは、「経営戦略のビジネスチャンス」と「事業活動の効率化」の２側面から判断すべきであるが、大切なのは「事業活動の効率化」

　企業のカーボンニュートラルの取り組みは、「**経営戦略のビジネスチャンス**」［→第９章］と「**事業活動の効率化**」［→第２章～第６章］の２側面から判断すべきです。ただ、上述した５つのメリットが顕著になるのは「事業活動の効率化」です。「**事業活動の効率化**」の推進は、「**カーボンニュートラルの取り組みの目標設定**」［→第２章～第６章］と「**温室効果ガスの可視化**」から始めます。

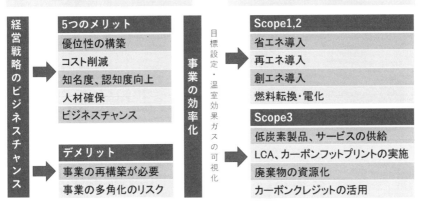

「経営戦略のビジネスチャンス」と「事業活動の効率化」

気候変動リスクを見極め、自らのビジネスチャンスとした経営戦略の検討・策定（事業転換）

×

自社の排出量を算定（可視化）して、事業の効率化として重点的に対応すべき項目を確認・実行

経営戦略のビジネスチャンス

５つのメリット
- 優位性の構築
- コスト削減
- 知名度、認知度向上
- 人材確保
- ビジネスチャンス

デメリット
- 事業の再構築が必要
- 事業の多角化のリスク

事業の効率化

目標設定・温室効果ガスの可視化

Scope1,2
- 省エネ導入
- 再エネ導入
- 創エネ導入
- 燃料転換・電化

Scope3
- 低炭素製品、サービスの供給
- LCA、カーボンフットプリントの実施
- 廃棄物の資源化
- カーボンクレジットの活用

(2) 経営戦略のビジネスチャンスは、実施前に自社の財務への効果を検証してから判断する

　経営戦略のビジネスチャンスでは、排出削減対策が**経営面**、**財務面**にどのような**ポジティブな影響を与える**か［→第６章（削減対策）、第７章（投資環境）］を広い意味での**ステークホルダーに説明する**ことが必要です。

　脱炭素の定期的な削減計画において、**有価物、固定資産の売却金額による収益**と、**省エネルギーによる費用削減金額、省資源による費用節減金額、経費節減金額（環境対策設備の保守費など）で費用節減（コスト削減）**［→第6章（削減対策）］**の効果を開示**します。

　経営面、財務面の効果［→第7章（投資環境）］については、カーボンニュートラルに向けた**取り組みの効果（長期資金供給、利子補給制度）**を、**定性的／定量的、双方のアプローチの成果**ついて**ステークホルダーに説明**することが大切です。

（3）経営戦略のビジネスチャンスは、直接的、間接的な売上と利益からも判断できる

　環境保全対策が、自社の売上、利益に与える効果を金額で開示している例を「花王の事例」で紹介します。

経営・財務面への効果の開示（花王の事例　単位：百万円）		2015	2016	2017	2018	2019
	効果の内容	2015	2016	2017	2018	2019
収益	有価物、固定資産の売却金額	321	435	539	455	420
費用節減	省エネルギーによる費用削減金額	259	185	143	213	223
	省資源による費用節減金額	1,418	2,033	873	1,460	1,135
	経費節減金額（環境対策設備の保守費など）	126	304	57	266	192
合計		2,124	2,957	1,612	2,394	1,970

出典：環境省「SBT等の達成に向けたGHG排出削減計画策定ガイドブック」

　この例から、経営戦略のビジネスチャンスは、直接的、間接的な売上と利益からも判断できます［→第6章（削減対策）］。**対策全体の定量化による直接的な数値**のみならず、**各施策単位の効果を間接的な定量化**［→第6章（削減対策）］することも**有効**です。定量化の成果の表現方法［→第7章（投資環境）］は、例えば以下のようなものがあります。

【売上】

　◎　当社の脱炭素ブランド群は、その他のブランド群よりも売上成長率が○％高い（20○○～20○○年）［→7.2（TCFD、ESG投資、ソーシャルボンド）］

　◎　「顧客の排出削減支援サービス」の当社の売上に占める割合は、過去5年

間で〇％増加した［→第2章〜第6章］

◎　〇〇年より製品ブランドAの排出削減を消費者に訴求して以降、当社の
市場シェアは〇％高まった［→第2章〜第6章］

【利益】

◎　〇〇の省エネ機器導入により、年間電力コストが〇円低下した［→ 2.2(4)
（Scope2）］

◎　〇〇の廃棄ロス削減により、原材料費が〇円削減できた［→ 6.8（Scope3）］

（4）経営戦略のビジネスチャンスを、自社の排出削減量対策のキャッシュ
フローから判断するための表

経営戦略のビジネスチャンスを、自社の排出削減量対策のキャッシュフロー
から判断するための表の例を以下に示します。

対策全体の定量化は、**運用改善、投資改善、再エネ電気メニューへの切替え**
の段階ごとに具体的な数値、間接的な効果を定量化することです。

排出削減量対策のロードマップ													
対　策	対策実施年	計画期間（年）											費用等
		2021	2022	2023	2024	2025	2026	2027	2028	2029	2030		
対策① （省エネ：運用改善）	2021												
対策② （設備更新：投資改善）	2025												
対策③ （再エネ電気メニューへの切替え）	2023												
排出削減量													
キャッシュフロー[千円]													

（5）事業活動の効率化は、自社の取り組み目標を明確化することから始
める

あなたの会社では、「LED照明の導入」「省エネ設備の導入」「CO2排出量の
可視化」で、カーボンニュートラルに対してどのくらいの効果があるか把握し

ていますか？

　効果を定量化できていないようであれば事業活動の効率化とは言えず、企業の持続的な発展は期待できません。なぜなら**事業活動の効率化**に必要な「**具体的な削減案がまとまっておらず**」[→ 6.1（削減対策）]、「**現在の状況を数値で可視化できていない**」からです。

　最近では、カーボンニュートラルの取り組みにおいて、「**取引先認定の SBT 等の条件**」[→ 8.1（目標設定）]や監査等、会社案内で**金融機関から説明を求められる「TCFD 等の取り組み」**[→ 7.3（開示）]など、**事業活動の効率化に必要な目標を明確化**することが求められるからです。

　投資環境や目標設定は、まず**可視化**しますが、可視化は**外部の調査会社に委託せずに、算出ソフトを活用し、自社で計算するのが基本**です。

（6）経営戦略のビジネスチャンス、事業活動の効率化の取り組みは、5つのメリットを検討して、効果を明確化することから進める

　この課題の対策として、経営戦略のビジネスチャンス、事業活動の効率化の取り組みは、5つのメリットを検討して、効果を明確化することから進めます[→第7章（投資環境）、第8章（目標設定）、第9章（新産業参入）]。脱炭素化の主な取り組みとその影響・効果を以下の図に示します。

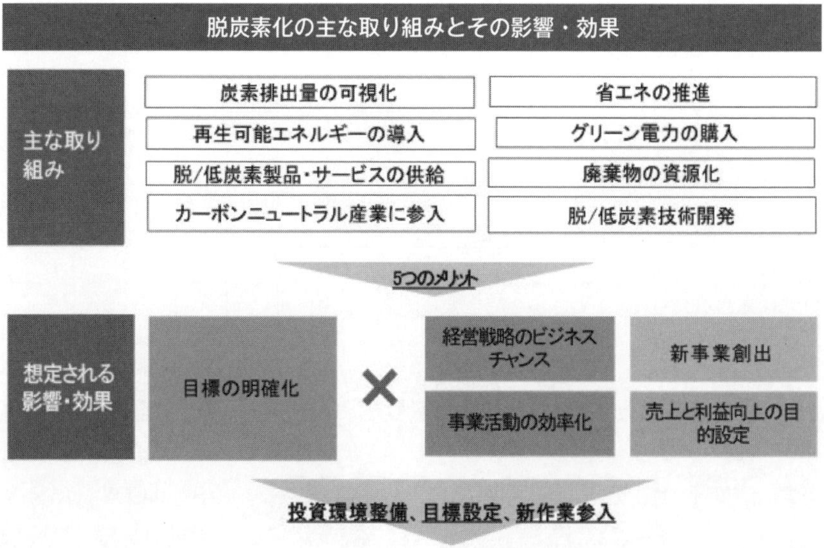

脱炭素化の主な取り組みとその影響・効果

主な取り組み	炭素排出量の可視化	省エネの推進
	再生可能エネルギーの導入	グリーン電力の購入
	脱/低炭素製品・サービスの供給	廃棄物の資源化
	カーボンニュートラル産業に参入	脱/低炭素技術開発

5つのメリット

| 想定される影響・効果 | 目標の明確化 | × | 経営戦略のビジネスチャンス | 新事業創出 |
| | | | 事業活動の効率化 | 売上と利益向上の目的設定 |

投資環境整備、目標設定、新作業参入

（7）カーボンニュートラルに取り組みは、企業の課題、現在の一般的な対策や取り組み状況、支援策の把握から始める

　企業がカーボンニュートラルを実現するためには、①自らの企業の課題・問題点は何か、②現在一般的な対策は何か、その取り組み状況はどうか、③行政や金融機関等の支援策 [→ 7.1（投資環境）] に何があるかを、具体的に把握 [→ 6.1（削減対策）] することから始めます。

　カーボンニュートラルに取り組む企業の最も大きな課題は、「自社の事業活動で使用するエネルギーの削減（Scope1、2）」です。次に「廃棄物排出量の抑制、リサイクル等の推進（Scope3）」となります。

　ただ、企業がカーボンニュートラルに取り組むうえで、「規制やルール、基準が明確に定まっていない」「対応コストの資金不足」など企業自身の課題があります。

　企業の対策や取り組み [→ 6.2（削減対策）] には、運輸、産業、業務、家庭における「省エネに配慮した設備・機器への切替え・導入」「エネルギー使用量の把握」「営業車両の HV・EV の導入」「機器の電化、自家発電」などが挙げられます。

　行政や金融機関などの外部機関に期待する支援策は、「補助金や助成金、融資制度等の充実」「勉強会やセミナー等の開催」です。短中期／長期の双方の視野で検討します。

　想定される影響・効果について、排出削減対策を検討する際には、一般的には短中期的視野で検討することが多く、直ちに効果が表れることが期待できる対策に偏る傾向にあります。しかし、SBT 等の目標を達成 [→ 8.1（目標設定）] するために重要なのは、あくまで目標年時点での抜本的な排出量削減であり、長期対策 [→ 6.2（削減対策）] です。

　長期対策は、2030 年時点での大きな社会変化を前提に、排出削減をテコに大幅に進化した自社のあるべき姿を構想します。その実現に向けた目標設定の可視化と、取り組みを継続型の発想で考えることにより、自社の抜本的な変化のための長期的な取り組みを検討することが求められます。

（8）事業の効率化によるカーボンニュートラル実現のためのステップ

　環境省では、企業がカーボンニュートラルを実現させる具体的な効果を示しています。

　最も大きい効果は、「**エネルギー起源の CO2 排出量**」を削減することです。「**エネルギー起源の CO2**」とは、発電、運輸、産業、業務、家庭における加熱など、**化石燃料を使った際に発生する二酸化炭素で、これを削減する「エネルギーフローの見直し」**を行います。

　次に大きい効果は、「**資材の CO2 排出量**」を削減することです。資源の偏在性や供給安定性などの観点から、資材種ごとに定量的な排出量を把握します。上流から下流の最終製品に至るまでの各工程において、「**マテリアルフローの見直し**」を行います。

　環境省では、これからカーボンニュートラルに取り組む中小企業に向けに、「**中小規模事業者のための脱炭素経営ハンドブック**」という資料を作成しています。同資料での「エネルギーフローの見直し」を、

　① **長期的なエネルギー転換の方針**の検討
　② **短中期的な省エネ対策の洗い出し**
　③ **再生可能エネルギー電気の調達手段**の検討
　④ **削減対策の精査と計画**へのとりまとめ

という 4 つの STEP（ステップ）を踏むことを推奨しています。

(9) 事業の効率化の結果は、サプライチェーン全体で温室効果ガス排出量を可視化すること

　可視化計算のやり方は、**温室効果ガス（GHG）プロトコル**という、**温室効果ガスの排出量を算定・報告する際の国際的な規準**に従ってください。

　まずは自社のエネルギーを電気やガス、重油などの燃料の種類に分けます。その結果を部門別・事業所別に可視化します。この燃料使用量に排出係数と単位発熱量（重油の場合）を掛けた値が CO2 排出量です。これが Scope1 と Scope2 です。（Scope：スコープ）

　Scope 3 とは、事業者の活動に関連するサプライチェーン全体での CO2 排出量です。サプライチェーン排出量は、CDP などによる企業への情報開示要求から、将来的には投資家らによる企業格付けに活用されていくことが予想されています。CDP は、英国の慈善団体が管理する非政府組織（NGO）であり、投資家、企業、国家、地域、都市が自らの環境影響を管理するためのグローバルな情報開示システムを運営しています。

1.2 企業の脱炭素化への取り組みは、「経営戦略のビジネスチャンス」と「事業活動の効率化」の2
つの理由で判断する

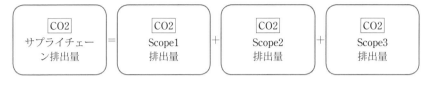

1.3　企業の脱炭素化のための 4 つの STEP と推進体制の組織化

（1）脱炭素化に向けた計画策定の検討手順

　温室効果ガス排出量の大幅削減を進めるには、運用改善等の省エネ・創エネ対策のみでは難しく、生産設備も含め、環境保全活動の抜本的な見直しが必要です。**推進体制を組織化** ［→ 2.5（組織化）］ することが**ポイント**です。

「中小規模事業者のための脱炭素経営ハンドブック」では、上述したように、再エネ電気やバイオマス、水素といった温室効果ガス排出の少ないエネルギーを利用できないか、その**可能性を以下の 4 つのステップで探ること**が提案されています。

STEP 1	長期的なエネルギー転換の方針の検討（投資改善）
▼　省エネ対策の洗い出し	
STEP 2	短中期的な省エネ対策の洗い出し（運用改善）
▼　再生可能エネルギーの調達	
STEP 3	再生可能エネルギー電気の調達手段の検討
▼　計画の評価	
STEP 4	削減対策の精査と計画へのとりまとめ

（2）STEP1　長期的なエネルギー転換の方針の検討（投資改善）

　最初の STEP1 では、Scope1、2 で都市ガスや重油等を利用している主要設備に着目し、これらのエネルギーの電化、バイオマス・水素などへの燃料転換など、**長期的な経営面でのメリットからエネルギー転換の方針を検討**します。

　具体的なエネルギー転換の方策としては、電化する Scope2 に該当しますが、エネルギーの種類を変えるだけでなく、省エネ（高効率化）にも寄与できるように、「**電化**」「**バイオマス**」「**水素**」などの可能性を、**光熱費や燃料費から検討**します（次表参照）。

　例えば、ガソリン自動車から電気自動車への転換が当面難しい場合は、**補助金を活用した資金調達の優位性**から、5 〜 10 年以内の当面の対策として、いったんハイブリッド自動車を導入することも一案となります。

長期的な経営面でのメリットからエネルギー転換：投資改善例	
エネルギー転換の方策	主な実施対策例
電化の可能性を探る	ボイラー：ヒートポンプへの転換
	燃焼炉：電気加熱炉への転換（ピンポイント誘導加熱等）
	自動車：ガソリンまたはディーゼル車からハイブリッド車や電気自動車への転換
バイオマスの利用可能性を探る	ボイラー：バイオマスボイラーへの転換 ※燃料の安定調達の可能性を検証（未利用材、廃材、バイオディーゼル燃料（BDF）など）
水素の利用可能性を検討する（ただし、2030 年代までは商業利用が難しい可能性あり）	自動車：燃料電池車（FCV）への転換
	工業炉：水素バーナーへの転換

　技術開発の進捗状況や導入コスト、関連インフラの普及状況などに応じて、一足飛びにエネルギー転換を図ることが難しい場合も想定されます。こうした**設備対策ケース**では、「**既存設備の部分更新・機能付加**」「**新設備の導入**」による投資改善を、**知名度や認知度の向上、社員のモチベーションアップを図るためにも段階的に検討**します（次表参照）。

長期的な経営面でのメリットから設備対策：投資改善例	
設備対策	実施対策例
既存設備の部分更新・機能付加	空調室外機の放熱環境改善
	空調・換気のスケジュール運転・断続運転制御の導入
	窓の断熱性・遮熱性向上（フィルム、塗料、ガラス、ブラインド等）
	蒸気配管・蒸気バルブ・フランジ等の断熱強化
	照明制御機能（タイマー、センサー等）の追加
	ポンプ・ファン・ブロワーの流量・圧力調整（回転数制御等）
新設備の導入	高効率パッケージエアコンの導入
	適正容量の高効率コンプレッサーの導入
	LED 照明の導入
	高効率誘導灯（LED 等）の導入
	高効率変圧器の導入
	プレミアム効率モーター（IE3）等の導入
	高効率冷凍・冷蔵設備の導入
	高効率給湯機の導入

（3）STEP2　短中期的な省エネ対策の洗い出し（運用改善）

　STEP2 では、短中期的な対策と長期的な対策の典型的な特徴を把握、区別したうえで短中期的な対策を洗い出します。

【短中期的な対策】

◎ 既存の戦略／ビジネスモデル／技術を基盤としており、その延長線上の施策

◎ 予見性や実現可能性が比較的高い施策

◎ 現場のイニシアティブにより実行可能

◎ 削減効果は限定的

【長期的な対策】

◎ 戦略変更／ビジネスモデル変革／技術革新を伴う

◎ 予見性や実現可能性が比較的低い施策

◎ 経営トップによる判断／コミットメントが必要

◎ 抜本的な削減ができる可能性

　STEP2 短中期的な省エネ対策の洗い出し（運用改善）は、STEP1 で検討した**エネルギー転換の方針を前提に、短中期的な省エネ対策（運用改善）を検討**します。エネルギー転換の内容や時期を踏まえながら、**既存設備の稼働の最適化やエネルギーロスの低減など運用改善**を図ります。代表的な省エネ対策としては、以下が挙げられます。

短中期的な経営面でのメリットからエネルギー転換：運用改善例	
対策タイプ	実施対策例
運用改善	空調機のフィルター、コイル等の清掃
	空調・換気不要空間への空調・換気停止、運転時間短縮
	冷暖房設定温度・湿度の緩和
	コンプレッサーの吐出圧の低減
	配管の空気漏れ対策
	不要箇所・不要時間帯の消灯

（4）STEP3　再生可能エネルギー電力の調達手段の検討

　再生可能エネルギー電力は、CO2 ゼロの代表的・汎用的なエネルギーです。**STEP1 の電化と組み合わせることで、大幅な CO2 削減を図る**ことができます。

　STEP1 ～ 2 までの検討の結果、自社の排出量が削減目標に届かない場合には、**電力を再エネに切り替えることで追加的に削減を図る**ことができます。再エネ電気の調達にはさまざまな方法があり、電力使用量把握のための **5 つのフェーズ**があります ［→ 4.1（電力使用量把握）］。第 4 章（Scope2）では、電気使用量の把握の仕方、CO2 排出量の計算法、調達手段について具体的に説明します。

（5）STEP4　削減対策の精査と計画へのとりまとめ

　STEP1 ～ 3 で検討した**削減対策について定量的に整理**します。詳しくは第 6 章（Scope1・2・3）で説明しますが、基本は以下の事項の**運用改善と投資改善**です。

　◎ Scope1・2 における**想定される温室効果ガス削減量（t-CO2 ／年）**

　◎ Scope1・2 における**想定される投資金額（円）**

　◎ 企業活動における**想定される光熱費・燃料費・原材料の削減量（円／年）**

　可能な範囲で各削減対策の実施時期を決めたうえで、1.2（4）の表のような形で**企業全体のロードマップとして削減計画に整理**するとともに、

　◎ **各年の温室効果ガス排出削減量（実施した各削減対策による CO2 量の総和）**

　◎ **各年のキャッシュフローへの影響（実施した各削減対策による利益・金額の総和）**

など削減対策を行うことによる効果・影響を集計し、とりまとめます。

第2章

何から始めたらよいか。
どこに相談に行けばよいか

【技術管理者対象】

2.1 脱炭素化実施のための6つのフェーズ（脱炭素化は請求書の可視化から始める）

STEP1～2　① データの分析は、請求書から設備等の使用構成、エネルギー管理状況を可視化して、省エネとコスト削減の検討から始める

STEP1～2　② データ分析は、経営層と技術管理者の役割に応じたCO$_2$排出量削減の判断資料とすること

STEP1～2　③ エネルギー使用量の可視化は、技術管理者がコスト削減と温室効果ガス排出量の管理を検討する資料

STEP3　④ データの可視化は、エネルギーの調達手段を長期的、中短期的な削減計画の管理方法、役割を検討すること

STEP4　⑤ 組織化の原則は、経営層が決めたことを全社で意欲を持って確実に継続的に実行すること

STEP4　⑥ 技術管理者が判断する、企業の目的に応じた補助金、相談窓口の検討

2.2 （STEP1 ～ 2）データの分析は、技術管理者が請求書から設備等の使用構成、エネルギー管理状況を検討すること

（1）脱炭素化診断（現地診断）は、請求書によるエネルギーの管理状況の確認から始める

　脱炭素化の現地診断は、原則として、**技術管理者が事業場の請求書を、電気分野、熱分野の有資格者が Scope1・2 の内容の管理状況を確認**し、報告書を作成、診断結果を経営者に説明します。

　現地診断は、以下に示すような現地診断スケジュール表に従い実施します。使用される**エネルギー関連データ**と設備配置図面に基づいて、**技術管理者が部門別管理者**に、**エネルギーの管理状況**や**使用状況、設備の運転管理状況を確認**します。

現地診断スケジュール表（例）	
時間	実施内容
○月○日午前	① Scope1・2 のエネルギー関連データの確認 ・生産管理表などを参考に月、日、時間ごとのエネルギー使用量の確認 ・電気料金請求書に基づいて月、日、時間ごとの最大電力の確認 ② 設備図面や保守・点検データなどの確認 ③ エネルギー管理状況についてのヒアリングなど
○月○日午後	① 設備の使用状況、運転保守・状況の確認 ・計測器による CO2 濃度、断熱の状況など把握 ② 現場にて、省エネの着眼点などを経営管理の視点から脱炭素化のアドバイスの実施
●月●日	① 設備の使用状況、運転保守・状況の確認 ・計測器による CO2 濃度、断熱の状況などの把握 ② 現場にて、省エネの着眼点などを経営管理の視点から脱炭素化のアドバイスの実施 ③ 当日の診断結果のまとめ ・エネルギー管理状況の公表 ・診断結果の説明（Scope1・2 の省エネ提案の概要など）

出典：（一財）省エネルギーセンター「省エネルギー診断の概要と主な提案項目」

2.2 （STEP1～2）データの分析は、技術管理者が請求書から設備等の使用構成、エネルギー管理状況を検討すること

（2）請求書の活用とは、技術管理者が供給元によるエネルギーごとの使用量と料金の計算方法の比較、使用状況の特徴や変化を見ること

　請求書から、**エネルギーごとの使用量**と**計算方法**から**費用**を**比較**できます。その結果から、**技術管理者**は、**料金の計算方法、自社の設備の使用状況の特徴や季節ごとのエネルギーの変化**と**費用の変化**を知ることができます。

① 自社の機器の比較から**使用状況の特徴や変化を把握**します。

　・月々の変化を見て、どのような特徴がわかりますか。特に使用量が多い月はいつですか。その月の使用量が特に多いのはなぜですか。

　・1年前の同じ月と比べ、増減変化はありますか。大きな増減の理由はわかりますか。

② 月次変化から、**エネルギーコストに大きな影響を与えている機器を見つけます。**

③ 前年と比較し、大きな増加のあった**エネルギーに異常はないか確認**します。

④ **同業他社のエネルギー使用、供給元を比較**し、エネルギー使用量が著しく大きい場合は、**削減余地が大きい可能性があります。**なぜ**同業他社と比べて自社の使用量や請求額が大きいのか検討**します。

（3）ガスの使用量（Scope1）について、LPガスは適正価格で、都市ガスは原料費調整額の上限のある会社から購入する（ガス供給先からの請求書の見方の例）

　ガス使用量の計測値は、ガス代を支払うときにご覧になる請求書に記載されています。請求書からガスの使用量を把握することができます。

　ただし、請求月と実際の使用月が異なる場合があります。**検針期間を確認することで、使用月を確認**します。

　請求書に記載された使用期間は必ずしも1日から月末までとなっていません。**その月の日数とおよそ同じであれば、請求書の使用量をそのまま適用して問題ありません。**

ガスの請求書の見方

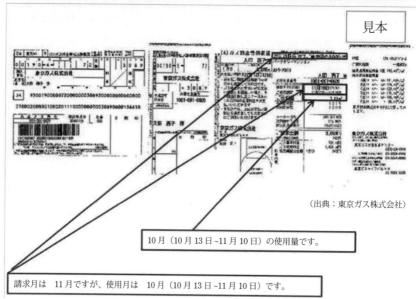

見本

（出典：東京ガス株式会社）

10月（10月13日~11月10日）の使用量です。

請求月は 11月ですが、使用月は 10月（10月13日~11月10日）です。

　　プロパンガス料金には**適正価格**（基本料金＋従量料金）があります。この適正価格とは、都市ガスの価格を基準にプロパンガス料金消費者協会が定めた独自の価格帯です。非協会の会社の平均価格で契約していると、**適正価格の会社より30％以上ガス料金が割高**となりますので、注意が必要です（出典：一般社団法人 プロパンガス料金消費者協会 東海地区）。

プロパンガスの適正価格（例）			
	基本料金	従量単価	ガス料金（10m³ 使用）
平均価格	1,879 円	672 円	8,599 円
適正価格	1,650 円	330 円～	4,950 円
差額	－ 229 円	－ 342 円	－ 3,649 円
削減率	－	－	－ 42.4％

＊ ガス料金（二部料金制）＝基本料金＋従量単価×ガスの使用量（m³）
　＝ 1,650 円 +330 円× 10m³ =4,950 円

2.2 （STEP1～2）データの分析は、技術管理者が請求書から設備等の使用構成、エネルギー管理状況を検討すること

都市ガス料金は、**基本料金（固定料金：使用量が多くなるほど高く設定）と従量料金（都市ガスの使用量に応じてかかる料金）で月ごとに計算**されます。従量料金は単位料金に**ガス使用量**を**掛けて算出**します（出典：東京ガス）。

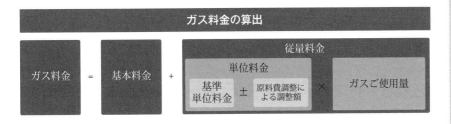

ガス料金の算出

単位料金は基準単位料金を原料費調整による調整額で増減しますが、注意しなければならないのは、毎月異なる原料費調整額です。**原料価格の高騰が続く今、大手ガス会社では原料費調整額に上限を設けています**。しかし、ほとんどの新ガス会社では上限を設けていません。よって同じエリアでも原料費調整額に上限のある会社・ない会社で**原料費調整額に差が出るケースも発生**しています。また、これまで上限を設けていた**大手都市ガス会社でも上限額の引き上げや撤廃の動き**が進んでいます。

（4）電気の使用量（Scope2）は、技術管理者が契約電力、力率、再エネ賦課金、燃料調整費、時間帯に注意する（電力供給先からの請求書の見方の例）

電気料金は、**基本料金**、**電力量料金**、**燃料調整費**、**再エネ賦課金**の４つに分けられ、以下の計算式で求めます。

電気料金の算出

電気の使用量（Scope2）について、家庭と事業所が同じ中小企業など、事業者の形態により、再エネ賦課金、燃料調整費と時間帯（昼間・夜間）に注意が必要です。電力供給先からの請求書の見方例を以下に示します（契約内容に

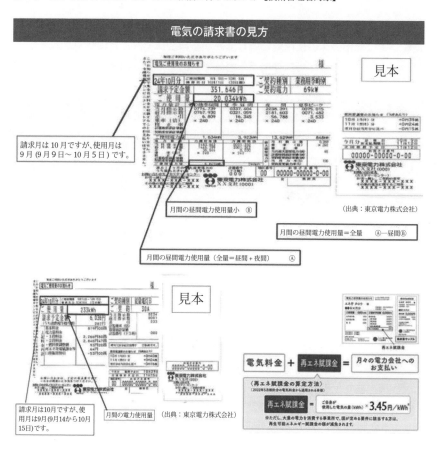

電気の請求書の見方

（出典：東京電力株式会社）

より、昼間・夜間の区別ができる場合と、できない場合とがあります）。

　昼間・夜間の区別ができる場合（季節別時間帯別電力が含まれる場合）は、**作業時間変更で、コスト削減ができます**。昼間・夜間の区別ができない場合（季節別時間帯別電力が含まれない場合など）は、**作業時間管理が必要**です。

　家庭と事業所が同じ中小企業では、**再エネ賦課金を毎月の電気料金にプラスして負担**しています。従量制供給の場合、「1か月の使用電力量（kWh）×再生可能エネルギー発電促進賦課金単価」の料金が算出されます。**再生可能エネルギー発電促進賦課金単価**［→第9章（カーボンプライシング）］**は、毎年国によって決定される**ため、変化するので注意が必要です。

　基本料金は単価×契約電力×力率割引・割増（＝（185−力率）/100）で決まります。**契約電力**の料金は、**1kWごとに基本料金が設定**され、夏季と

その他の季節で異なります。**契約電力の使用量を 1kW 削減することがコスト削減**につながります。

　力率は 85 ％を上回る場合は割引、85 ％を下回る場合は割増になります。**専用のコンデンサの設置等により力率を改善**すれば、**基本料金を削減**できます。

　燃料調整費は、1kWh あたり定額（毎月変動あり）の火力発電のための燃料（原油、液化天然ガス、石炭）**の価格変動によって反映される料金**です。日本は、エネルギー源の大半を海外からの輸入に依存し、**燃料の価格が上がる**と直接に**電気料金が上がる仕組み**になっています。燃料調整費は、燃料費調整制度のもと毎月決定され、**（基準燃料価格－平均燃料価格）×基準単価÷ 1000** で計算します。発電にかかる原材料の価格が上がれば燃料調整費も引き上げられ、発電にかかる原材料の価格が下がれば、燃料調整費も引き下げられる仕組みです。貿易統計によると、原油価格、LNG 価格、石炭価格の 3 か月間の平均価格で計算しますので、2022 年から上昇し、**燃料調整費は増加傾向**です。

　したがって、電気料金は**技術管理者が電力使用量と力率、再エネ賦課金、燃料調整費と時間帯に注意を払う**ことが大切です。

（5）エネルギー使用量から CO2 排出量を算出する計算式

　脱炭素化診断（現地診断）の管理状況の確認は決まった計算式があります。

　省エネ法（エネルギーの使用の合理化等に関する法律）、温対法（地球温暖化対策の推進に関する法律）などの報告対象となる場合は、法規に基づき算定しますが、対象外の事業者においても、工程や事業活動ごとの使用量から、各種制度にて用意された算定ツールを活用することで比較的容易に自社の排出量を把握することができます。

　簡易な排出量算定（エネルギー起源二酸化炭素排出量を把握）の方法は次の順序で行います。

① 排出活動を特定（**電気の使用**、**燃料（ガス、ガソリン、重油など）の使用**など）

② それぞれの**エネルギー使用量の把握**

③ 活動ごとの**排出量の算定**

　　エネルギー起源二酸化炭素排出量＝エネルギー使用量×排出係数

　（例：電気の使用による排出量＝電気使用量×小売電気事業者別の係数）

　　＊係数一覧は環境省のホームページに掲載

（6）ガスのエネルギー使用量からCO2排出量の計算結果例

　ガスのエネルギー使用量からCO2排出量を求める場合、以下の表のようになります。

ガスのエネルギー使用量とCO2排出量						
都市ガス名	規格	使用量 千㎥	CO2排出係数 t-C/GJ	単位発熱量 GJ/千㎥	CO2/C ※	CO2排出量 kg-CO2
○○ガス	13A	1,000	0.0136	45	44/12	2,244
			0.0136			
			0.0136			
合計		1,000				2,244

※ t-C（炭素のトン数）を t-CO2（二酸化炭素のトン数）に換算するための係数

【ガスの場合の計算式】

　実数 1,000［千㎥］×排出係数 0.0136［t-C/GJ］×単位発熱量 45［GJ/千㎥］
　　　× 44/12 = 2,244［kg-CO2］

（7）A重油のエネルギー使用量からCO2の排出量の計算結果例

　次のようにA重油の年間使用量からCO2を求める場合、以下の計算式で求めます（出典：環境省HP）。

			( )年度											
			4月	5月	6月	7月	8月	9月	10月	11月	12月	1月	2月	3月
A重油	使用量	実数	1500	1500	1500	1500	1500	1500	1500	1500	1500	1500	1500	1500
		CO2排出量	4064	4064	4064	4064	4064	4064	4064	4064	4064	4064	4064	4064
	使用料金	金額												

累計 (A)	単位	電力事業者 コード（半角） (注)	排出係数 (B)	単位 発熱量 (C)	累計 CO2排出量 [(A)×(B)]or[(A)×(B)×(C)]		累計 一次エネルギー換算 エネルギー使用量 (A)×(C)
18000	L	—	0.0693	39.1	CO2排出量 (kg-CO2)	48773	一次エネル ギー使用量 (MJ)
48773	kg-CO2		(kg- CO2/MJ)	(MJ/L)			703,800
	円		—	—	—		—

【A重油の場合】

　実数 1,500[L]×排出係数 0.0693［kg-CO2/MJ］×単位発熱量 39.1［GJ/kl］
　　　= 4,064［kg-CO2］

2.2 （STEP1 ～ 2）データの分析は、技術管理者が請求書から設備等の使用構成、エネルギー管理状況を検討すること

＊ 排出係数 0.0693［kg-CO2/MJ］の算出について

排出係数 ＝ A 重油の排出係数 0.0189［t-C/GJ］× 44/12 ＝ 0.0693［kg-CO2/MJ］

＊ A 重油の単位発熱量 39.1［GJ/kl］

（8）電気のエネルギー使用量から CO2 排出量の計算結果例

次のように電気の年間使用量から CO2 を求める場合、以下の計算式で求めます（出典：中小機構 HP）。

			（　　　　）年度										
			4月	5月	6月	7月	8月	9月	10月	11月	12月	1月	2月	3月
電力	使用量	実数	45000	41500	42000	43000	45000	44000	43000	42500	44000	44500	45500	45000
		CO2排出量	19080	17596	17808	18232	19080	18656	18232	18020	18656	18868	19292	19080
	使用料金	金額												

累計(A)	単位	電力事業者コード(半角)(注)	排出係数(B)	単位発熱量(C)	累計CO2排出量{(A)×(B)or((A)×(B)×(C))}	累計一次エネルギー換算エネルギー使用量(A)×(C)
525000	kWh	4	0.424 (kg-CO2/kW)	9.97 (MJ/kWh)	CO2排出量 (kg-CO2) 222600	一次エネルギー使用量 (MJ) 5,234,250
222600	kg-CO2					
	円		—	—	—	—

【電力の場合】

実数 45,000［kWh］×排出係数 0.424［kg-CO2/kWh］＊ ＝ 19,080［kg-CO2］

電力事業者コードと排出係数		
コード	小売電気事業者	排出係数
1	北海道電力（株）	0.601
2	東北電力（株）	0.521
3	東京電力エナジーパートナー（株）	0.441
4	中部電力ミライズ（株）	0.424 ＊

（9）請求書からエネルギー管理表を作成し、どれだけコストがかかっているか、どれだけの量を使っているかを、技術管理者が確認する

技術管理者は請求書からエネルギー管理表を作成し、次の内容を確認します。

① エネルギーごとに、毎月・毎年いくら払っているか、どれだけの量を使っているか。どれだけ CO_2 を排出しているか。

② 1年分のエネルギーコストは、売上に対してどのくらいの割合があるか。

③ どのエネルギーに一番多くのお金を払っているか。

技術管理者は、エネルギー管理表から、コストが一番大きいエネルギーに絞り、省エネを進めれば脱炭素化の効果も大きく、コスト削減につながります。

エネルギー使用量・CO_2 排出量管理表

年間エネルギー使用量

区分	単位	前期との比較 参照項目1)			目標値との比較 参照項目1)		
		前期(d)	当期(e)	前期比増減率(%) (e-d)/d	当期目標 (f)	目標達成率(%) (e-f)/f	評価
購入電力(昼間8時~22時)	kWh	732,000	656,301	-10.3%	630,000	-4.2%	▲
購入電力(夜間22時~翌日8時)	kWh	4,145	3,758	-9.3%	3,760	0.1%	☆
都市ガス(右から該当ガスを選択してください)	組/江 m³	32,240	29,015	-10.0%	29,050	0.1%	☆
液化石油ガス(LPG)	kg	0	0		0		-
液化天然ガス(LNG)	kg	0	0		0		-
灯油	ℓ	0	0		0		-
A重油	ℓ	0	0		0		-
軽油	ℓ	0	0		0		-

振り返り欄
(毎月・年度末に実績を振り返り、前期と比較して削減対策が進捗しているか、異常な増加はないか確認してみよう)

電気機器について高効率機器の導入等により省エネルール徹底効果及び省エネ設備導入効果で電気使用量が前期比10%削減できた。都市ガスは高効率機器の効果により前期比10%削減となった。

ルールの徹底及び省エネ設備の導入を今年度推進し、都市ガスは目標達成できたが、電気の省エネ設備投資効果が予定した削減効果よりわずかながら低めとなったため電気について目標に4%差となった。

年間CO_2排出量
(地球温暖化の要因となるCO_2排出量は(使用量 × 排出係数 = CO_2排出量1)で計算できます。)

区分	単位		前期との比較 参照項目1)			目標値との比較 参照項目1)		
			前期(g)	当期(h)	前期比増減率(%) (h-g)/g	当期目標 (i)	目標達成率(%) (h-i)/i	評価
購入電力(昼間8時~22時)	0.000518 tCO2/kWh		379.2	340.0	-10.3%	326.3	-4.2%	▲
購入電力(夜間22時~翌日8時)	0.000518 tCO2/kWh		2.2	1.9	-10.7%	1.9	0.1%	☆
都市ガス	0.002230 tCO2/N㎥		69.5	62.6	-10.0%	62.6	0.1%	☆
液化石油ガス(LPG)	0.003000 tCO2/kg		0.0	0.0		0.0		-
液化天然ガス(LNG)	0.002700 tCO2/kg		0.0	0.0		0.0		-
灯油	0.002490 tCO2/ℓ		0.0	0.0		0.0		-
A重油	0.002710 tCO2/ℓ		0.0	0.0		0.0		-
軽油	0.002580 tCO2/ℓ		0.0	0.0		0.0		-
	CO_2合計 t		452.0	404.5	-10.5%	390.9	-3.5%	▲
	売上高100万円あたりのCO_2排出量 tCO2/M¥		2.0	1.7	-13.4%	1.7	-2.2%	▲

振り返り欄
(毎月・年度末に実績を振り返り、前期と比較して削減対策が進捗しているか、異常な増加はないか確認してみよう)

電気機器について高効率機器の導入及び入替えで省エネルール徹底効果等により、電気使用量が前期比10%削減となり、都市ガスは高効率機器の効果により前期比10%削減となった。売上高についても削減努力よりわずかながら低めとなったため電気について目標に4%差となった。
下記の結果、前年比1tでCO_2排出量を10%削減、売上高当たりCO_2排出量は13%削減できた。

ルールの徹底及び省エネ設備の導入を今年度推進し、都市ガスは目標達成できたが、CO_2排出量の大部分を電気によるため、今CO_2排出及び売上高当たりCO_2排出量は目標未達となった。

2.2 （STEP1～2）データの分析は、技術管理者が請求書から設備等の使用構成、エネルギー管理状況を検討すること

（10）エネルギー管理表の活用は、設備の切替え・導入・改善と運用改善か投資改善に分け、分析する資料

企業の脱炭素の取り組みでは、**エネルギー管理表**から以下の判断が可能です。

① **省エネに配慮した設備・機器への切替え・導入・改善**

② **エネルギー使用量の把握**と削減

③ **営業車両の HV・EV の導入**と導入時期

④ **機器の電化、自家発電の導入**と導入時期

などが挙げられ、**技術管理者は削減計画を検討**します。

エネルギー管理表は、そのほかに「運用改善」と「投資改善」に分ける基礎資料として活用します。一般的には、その**割合**は費用が掛からない「運用改善」が**40%**、費用を必要とする「投資改善」が**60%**とします。**第1段階から第3段階で判断**します。

「運用改善」と「投資改善」の割合（イメージ）

運用改善　40%
- 室内 CO2 濃度管理にて外気取入量削減
- ポンプ・ファン等のインバータ設定の適正化　など

投資改善　60%
- 蛍光灯器具の LED 化
- ファン・ポンプ等へのインバータ導入、蒸気配管・バルブの保温対策　など

出典：（一財）省エネルギーセンター「省エネルギー診断の概要と主な提案項目」

（11）第1段階として、使用構成、エネルギー管理状況を検討すること

第1段階として、Scope1・2の**エネルギー使用構成**を円グラフで表します。

また、第1段階では、「運用改善」を検討するため、**エネルギー管理状況を可視化**します。

エネルギー使用構成と管理状況（イメージ）

エネルギー使用構成

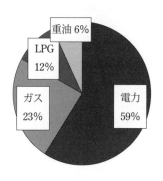

エネルギー管理状況

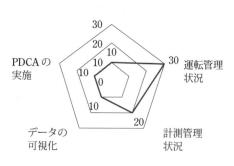

（12）第2段階として、エネルギー割合、CO2 排出割合を把握すること

第2段階では、「運用改善」もしくは「投資改善」を検討するため、**エネルギー項目ごとに費用の割合**と **CO2 排出量の割合**を**可視化**します。

エネルギー費用割合と CO2 排出量割合（イメージ）

費用割合

CO2 排出割合

2.2 （STEP1〜2）データの分析は、技術管理者が請求書から設備等の使用構成、エネルギー管理状況を検討すること

（13）第3段階として、省エネ量、コスト削減額、投資回収年数などを具体的に検討すること

第3段階として**エネルギー項目ごとに省エネ量改善策（運用改善）**を提案します。

投資改善としては、**投資額**と**維持管理費用、投資回収年数など**を**具体的に提示**できるように可視化します。

<table>
<tr><th colspan="9">改善対策の提案（A重油）（参考例）</th></tr>
<tr><td rowspan="2">運用改善対策</td><td colspan="8">ボイラーのバーナー空気比調整によるA重油使用量削減</td></tr>
<tr><td colspan="8">既存のボイラーの現状空気比は2.0と高く、排ガスによる損失は大と考えられます。燃焼調整で空気比を1.25に改善することで、約2.5%の燃料費削減可能となります。</td></tr>
<tr><td rowspan="2">運用改善の可視化</td><td>エネルギーの種類</td><td>省エネルギー量</td><td>金額（千円）</td><td>原油量（kL）</td><td>CO2量（t-CO2）</td><td>投資額（千円）</td><td>維持管理費（千円）</td><td>回収年</td></tr>
<tr><td>A重油</td><td>13.5</td><td>945</td><td>13.5</td><td>37</td><td></td><td></td><td></td></tr>
</table>

出典：（一財）省エネルギーセンター「省エネルギー診断の概要と主な提案項目」

（14）データの分析による運用改善と投資改善の提案例

データの分析によると運用改善と投資改善の提案は具体的に数値化して可視化します。

<table>
<tr><th colspan="7">運用改善と投資改善の実施項目（例）</th></tr>
<tr><td rowspan="2">実施項目</td><td colspan="2">原油改善</td><td rowspan="2">削減額（千円）</td><td rowspan="2">投資額（千円）</td><td rowspan="2">回収年</td><td rowspan="2">改善方法</td></tr>
<tr><td>削減量（kL）</td><td>削減率（%）</td></tr>
<tr><td>ボイラーのバーナー空気比調整によるA重油使用量削減</td><td>13.5</td><td>2.5</td><td>945</td><td>-</td><td>-</td><td rowspan="3">運用改善</td></tr>
<tr><td>ボイラー蒸気圧力低減によるA重油使用量削減</td><td>12.5</td><td>2.5</td><td>855</td><td>-</td><td>-</td></tr>
<tr><td>空調機運転台数見直しによる電力量削減</td><td>1.0</td><td>0.5</td><td>10</td><td>-</td><td>-</td></tr>
<tr><td>エアコンプレッサーの一部更新</td><td>26.0</td><td>5.0</td><td>1,930</td><td>3,000</td><td>1.5</td><td rowspan="2">投資改善</td></tr>
<tr><td>温水タンク熱源を休日の乾燥用熱源として活用</td><td>11.0</td><td>2.0</td><td>750</td><td>300</td><td>1.0</td></tr>
</table>

ポンプのインバータによる回転数制御	4.5	1.0	345	600	2.0	
蒸気配管、バルブの未保温部に保温材を施工	3.5	1.0	250	200	1.0	
第2乾燥室の保温強化	1.5	0.5	95	300	3.5	
工場2階の蛍光灯をLEDに変更	1.0	0.5	65	200	3.0	
デマンド制御による契約電力削減			430	400	1.0	
合計	74.5	14.5	5,675	5,000	13.0	

出典：（一財）省エネルギーセンター「省エネルギー診断の概要と主な提案項目」

2.3 (STEP1 ～ 2) データ分析結果は、経営層と技術管理者の役割に応じた CO2 排出量削減の判断の資料とすること

(1) データ分析結果は、経営層と技術管理者の役割に応じて活用される

脱炭素化診断のデータ分析結果に基づいて、**経営層には省エネ項目の内容、燃料の削減量**と**削減金額**、**CO2 の削減量**を数字で投資改善を説明します。**技術管理者**には**設備の運用方法**と**改善方法**を**具体的に説明**します。

具体的には以下の表のようになります。

データ分析結果の活用	
対象者	説明内容
経営層と技術管理者	・技術管理者には、エネルギー使用状況に関する分析結果の説明と改善方法（**投資改善**）の提案 ・経営層には、補助金情報、活用についてのアドバイスなど
技術管理者と部門管理者	・部門別管理者には、提案内容の具体的な実施方法（**運用改善**）と**改善の留意点**（現場での指導を含む） ・技術管理者には、提案のシミュレーションによる**具体的な運用改善の方法**の説明 ・特に受診事業者が希望する事項などについてアドバイス

2.4 （STEP1 〜 2）長期的、短中期的対策は、技術管理者と部門別管理者がデータを可視化すること

（1）長期的エネルギー転換（投資改善）対策は、技術管理者が既設設備の改善、新設を検討すること

長期的エネルギー転換（投資改善）対策提案例								
提案内容	エアコンプレッサーの一部更新							
	コンプレッサーのエア流量計測と工場内エア配管を調査した結果、4 台のうち、2 台にエア漏れが見られた。省エネとムダを撲滅するため**投資改善**を考えるべきである。「**既設設備の改善**」「**新設の検討**」が必要である。							
削減量の詳細	エネルギーの種類	省エネルギー量	金額（千円）	原油量（kL）	CO2 量（t-CO2）	投資額（千円）	維持管理費（千円）	回収年
	電気	26.0	1,930	18.5	33	3,000	200	1.5

出典：（一財）省エネルギーセンター「省エネルギー診断の概要と主な提案項目」

（2）短中期的省エネ（運用改善）対策は、部門別管理者が運用データを具体的に可視化できるように実施者に指示すること

短中期的エネルギー転換（投資改善）対策提案例				
提案内容	ボイラー蒸気圧力低減による A 重油使用量削減			
	既存のボイラーの加熱器内の温度は 150℃と高く、成型機や乾燥機に使用に対しても高く熱損失も多大である。加熱器内の設定温度を 130℃程度に下げることで、蒸気圧を 0.4MPa-G から 0.2MPa-G に低下が可能となる。結果、約 2.5％の燃料費削減可能となる。			
削減量の詳細	エネルギーの種類	省エネルギー量	金額（千円）	原油量（kL）	CO2 量（t-CO2）
	A 重油	12.5	855	12.5	50

出典：（一財）省エネルギーセンター「省エネルギー診断の概要と主な提案項目」

（3）運用改善は、部門別管理者が設備の運転条件を可視化して最適化すること

運用改善とは、**実施者が設備の使用状況を確認しながら調整**することです。**部門別管理者が設定変更と測定・分析により設備の運転状況を最適化**します.

エネルギー費用割合とCO2排出量割合（イメージ）

当初設定
・冷温水の温度・流量
・送風量 など

状況の変化
・生産方法
・製造製品の変化 など

運転状況の最適化
・設定変更
・測定・分析

現地で設備の状況を確認しながら機器を調整

（4）部門別管理者が実施する、設備に対する運用改善項目と必要な計測項目例

部門別管理者は、運転条件の以下の項目を計測し、運転の最適化を行います。

省エネ提案項目と計測項目		
設備	省エネ提案項目	計測項目
空調	外気導入量の削減	CO2濃度、風量、温度、湿度、消費電力 など
	熱源機の冷温水・冷却水温度の適正化	温度、湿度、消費電力 など
	快適性配慮型冷房空調	温度、湿度、気流速度、消費電力 など
	蓄熱システムの運用改善	冷温水温度、流量、消費電力 など
	空調機のフィルターのコイルなどの清掃、空調・換気不要空間の停止や運転時間短縮	
インバータ	ファン、ポンプの回転数適正化（設置済みインバータの活用）	流量、圧力、消費電力 など
コンプレッサー	コンプレッサー吐出圧低減	末端圧力、流量、消費電力 など
	圧縮空気の漏洩確認・対策	漏洩量、流量 など（計測のみも可）
燃焼設備	空気比の適正化	排ガスCO2濃度、排ガス温度 など
	配管類の断熱・保温劣化対策	配管表面温度 など（計測のみも可）
	ボイラー蒸気圧の低減	圧力、温度
電灯等	不要箇所・不要時間帯の消灯	
	エレベーターの代わりに階段を使用	

出典：（一財）省エネルギーセンター「省エネルギー診断の概要と主な提案項目」

2.5　（STEP4）組織化の原則は、経営層が決めた温室効果ガスと コストの削減を全社で意欲を持って確実に組織的に実行する こと

（1）エネルギーの可視化による脱炭素化の進め方（利益が出る取り組み・ 組織化）

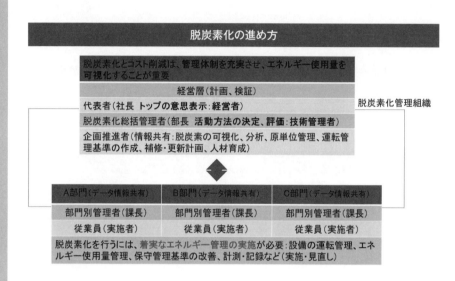

（2）組織化の原則は、技術管理者が決めた役割・原則・実行方法を、意 欲を持って確実に継続的に実行し、結果・成果を評価すること

　組織化とは、**技術管理者が設定した**「前年度比何％削減」という**努力目標**を、**全社で取り組む**［→第 6 章（削減対策）］ことです。**組織（経営層）**が、以下の項目で**脱炭素化の管理のレベルアップ**、**コスト削減**の**結果・成果を毎年評価**します。毎年継続的に目標に対する実績を点検することで、適切な目標を設定できます。

2.5 （STEP4）組織化の原則は、経営層が決めた温室効果ガスとコストの削減を全社で意欲を持って確実に組織的に実行すること

脱炭素化における役割・原則・実行方法	
役割・原則	実行方法
トップが深く関与する	トップが脱炭素化に関心を示し、方針を示します。
特別なことではなく、日常業務として実行できる運用改善とする	全員が当たり前に実行できる運用改善内容を決めます。
目標・実績・効果を全員がわかりやすく共有する	情報共有は、いつも行っている会議や朝礼を利用します。 単に数量のみでなく、金額や例えを示し実感がわくように報告します。
改善提案は、1人だけにまかせないで、チームで行う	チームで、お互いに知恵を出し合い、助け合い、目標を実現します。
責任者・担当者がいない場所・設備をつくらない	全ての部署で責任者・担当者を決め、全員が責任を持って改善を実施します。
運用改善は現場の知恵を活かす	運用改善は現場の困りごとを改善することです。職場の皆で改善します。どうしてもできないときは、管理組織と相談して投資改善します。
使える者は何でも利用する	他社診断、省エネ診断、補助金を活用して改善を推進します。

（3）技術管理者が決めた目標を達成するため、提案項目について「誰が責任者（部門別管理者）・担当者（実施者）」で、「何をしなければならないか」を決める

以下に示すとおり、技術管理者が決めた削減対策［→ 第6章（削減対策）］から成果・効果を想定し、**部門別管理者がいつまでに・何を・どれだけ減らすかを目標として決め**、**担当者（技術管理者）が実施**します。

設備ごとの提案項目			
設備	提案項目［→ 第6章（削減対策）］	責任者 （部門別管理者）	担当者 （実施者）
空調	外気導入量の削減	●担当課長	○○
	熱源機の冷温水・冷却水温度の適正化		全員
	快適性配慮型冷房空調		
	蓄熱システムの運用改善		△△

インバータ	ファン、ポンプの回転数適正化 （設置済みインバータの活用）	■担当課長	□□
コンプレッサー	コンプレッサー吐出圧低減	▲担当課長	全員
	圧縮空気の漏洩確認・対策		
燃焼設備	空気比の適正化	◆担当課長	全員
	配管類の断熱・保温劣化対策		◇◇
	ボイラー蒸気圧の低減		全員

（4）利益が出る脱炭素化活動の進め方（組織の役割と取り組み）の PDCA 例

　PDCA サイクルとは、Plan（計画）、Do（実行）、Check（測定・評価）、Action（対策・改善）の仮説・検証型プロセスを循環させ、マネジメントの品質を高めようという概念です。脱炭素化改善活動における組織の役割と取り組みの PDCA サイクルの例を以下に示します。脱炭素化は PDCA サイクルの取り組みで継続的に利益が出るように組織をレベルアップさせることが大切です。

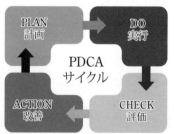

脱炭素化活動の PDCA サイクル

脱炭素化活動のレベルアップ

経営層	目標設定、現状分析、改善案作成、補助金申請
実施者	進捗管理、計画案実施、改善案実施
技術管理者	改善案の評価と見直し、管理方法の見直し
部門別管理者	効果把握、目標値の差異分析、改善案提案

PLAN 計画　DO 実行　ACTION 改善　CHECK 評価　PDCA サイクル

（5）適切な PDCA を回して生み出される、生産性の向上による売上と利益の向上には、さまざまな方法がある

　企業の課題は、適切な PDCA の実施から生み出される、**生産性の向上による売上と利益の向上**です。さまざまな方法がありますが、製造業を例にまとめてみました。

　「**生産性**」は、一言でいえばモノやサービスなどの価値をどれだけ少ない労

力や資源の投入によって**効率的に生み出しているかという指標**です。

企業が取り組むうえでの**最も大きい課題**は、Scope3 の「自社の事業活動で使用する**エネルギーの削減**」です。次に「**廃棄物排出量の抑制、リサイクル等の推進**」となります。

よく用いられる方法として、**業務の分析を通じた不良率を削減し、ムダなプロセスの見直し**、売り上げの向上を図る**運用改善**があります。

一方で、業務を効率化して**生産性を向上させる**ための設備、機器、システム・IT・AI を導入する**投資改善**や、労働者一人ひとりの能力の向上を図る方法などいくつものアプローチの仕方があります。

投資改善は、補助金を適切に活用 ［→ 第 3 章（Scope1）、第 4 章（Scope2）、第 6 章（補助金）］ します。

（6）組織が継続的に PDCA を回すポイントは、各種補助事業の活用

カーボンニュートラルの実施を継続的に進めるには、Scope1・2 では**各種補助事業をうまく活用**することです。

最初に電気のスイッチをこまめに切るとか、設定温度を変更するなどの短中期計画である**運用改善**（PDCA の **D**）では、効果が数年で頭打ちになります。

次に機器を新規の省エネ型に更新したり、既存設備を改善したり、創エネ型の設備を導入とするなどの長期計画である**投資改善**の **D** を検討しますが、予算不足の壁に突き当たります。各種補助事業は以降で具体的に説明します。

（7）部門別管理者が実施する、継続的な運用改善活動の評価例

部門別管理者は、月次・年次の業績管理会議で、以下の評価区分により**運用改善**［→ 6.2（削減対策）］を**点検・共有**し、継続的な改善につなげます。

運用改善活動の評価		
時期	評価区分	評価内容
月末	比較	前年同月との比較、当年の他月との比較で、著増減がないか確認
	著増減	著しく増減のあるものは、異常がないか確認
	対策効果	削減対策について効果はあがっているか確認
	エネルギー費率	エネルギー費用の売上高比率を点検し、コストダウンに活かす

	実績比	実績の振り返り、さらに省エネを進めるために改善すべきことを明確に
	情報共有	全従業員に情報を共有できたか、日々の改善活動の実施状況
期末	前年比較	月次推移や年間累計について前年と比較
	目標達成度	実績と目標を比較し、目標の達成状況を確認
	次年度に向けて	活動を振り返りうまくいかなかった原因を分析し、改善策を作成
	情報共有	全従業員に情報を共有し、次年度の改善活動につながる情報発信

(8) 経営層と技術管理者が実施する投資改善は、設備入替・増設、融資、事業再構築であり、その支援策の例

企業の投資改善の取り組み [→ 6.2 (削減対策)] は、以下の①〜④の企業のニーズに応じた支援メニューを検討し、経営層と技術管理者が実施します。

① 設備入替・新設増設		
企業の取り組み	企業のニーズ	企業への支援メニュー *は以降で概要説明
省エネなど 低炭素化技術（例：低燃費技術の活用）	生産設備、工作機械等を導入したい	ものづくり補助金（グリーン枠）*
	省エネ性能の高い設備へ更新したい	省エネ補助金*
	設備の新設増設の際に利子補給を受けたい	省エネルギー設備投資に係る利子補給金*
	EV などを導入したい	CEV 補助金
	税制優遇を受けたい	CN（カーボンニュートラル）投資促進税制（他制度との併用可能）*
	省エネや排出量削減で収益を得たい	J-クレジット（他制度との併用可能）*

② 債券発行・融資		
企業の取り組み	企業のニーズ	企業への支援メニュー *は以降で概要説明
省エネなど 低炭素化技術（例：低燃費技術の活用）	債券を発行したい	トランジション・ボンド発行支援
	融資を受けたい	トランジション・ローン促進
	利子補給を受けたい	省エネルギー設備投資に係る利子補給金事業費補助金*

2.5 （STEP4）組織化の原則は、経営層が決めた温室効果ガスとコストの削減を全社で意欲を持って確実に組織的に実行すること

③ 事業再構築		
企業の取り組み	企業のニーズ	企業への支援メニュー *は以降で概要説明
省エネなど 低炭素化技術（例：低燃費技術の活用）	設備やソフトウェア等を導入したい	事業再構築補助金(グリーン成長枠)＊
	専門家等に相談したい ※自動車部品製造関連	事業再構築補助金(グリーン成長枠)＊ カーボンニュートラルに向けた自動車部品サプライヤー事業転換支援事業＊

④ 技術開発		
企業の取り組み	企業のニーズ	企業への支援メニュー *は以降で概要説明
革新的技術の開発	研究開発を行いたい	1.7兆円・10年間の基金による、研究開発支援＊ 研究開発税制の拡充＊

2.6 （STEP4）技術管理者が判断する、企業の目的に応じた補助金、相談窓口紹介

（1）中小企業向けの主な支援策を受けるには、事前に相談目的、内容を検討しておくこと

　経済産業省、環境省では、既存の支援策に加えて、補助金にグリーン枠を設ける拡充を図っています。

　中小企業への支援策は、企業の目的に応じた検討をすることです。事前に相談目的、内容を検討しておいて、企業支援メニューを検討しておきます。

中小企業の取り組みと支援メニュー		
企業の取り組み	企業のニーズ	企業への支援メニュー＊は以降で概要説明
省エネなど低炭素化技術（例：低燃費技術の活用）	・何から始めたらいいかわからない ・どこに相談に行けばいいかわからない	・中小機構のCN（カーボンニュートラル）オンライン相談窓口＊ ・省エネお助け隊＊ ・省エネ最適化診断＊
	・既存設備でCN（カーボンニュートラル）に取り組みたい	・省エネお助け隊＊ ・省エネ最適化診断＊
	・CO2排出量を把握したい	・IT導入補助金（通常枠（A・B類型））
	・計画策定、分析、診断、設備更新を行いたい	・工場・事業場における先導的な脱炭素化取り組み推進事業

（2）相談窓口紹介：主として Scope1・2 を対象とした相談窓口

　補助金対策とは、行政や金融機関などの支援策です。以下の**企業自身の取り組み課題に対応**できます。

① 自社の規制やルール、基準が明確に定まっていない

② 対応コストの資金が不足している

③ 勉強会やセミナーなどの開催情報を開示してほしい

　次の条件で、わずかな負担で省エネのプロフェッショナルの「**省エネ診断**」、「**省エネ・再エネ提案**」を受けることができます。

　中小企業基本法に定める中小企業者※を除く（なお、※の条件に該当する中

小企業者でも、下記の条件に該当する場合は可）

① **資本金**又は**出資金**が **5 億円以上の法人**に**直接**又は**間接**に **100％の株式**を保有される中小・小規模事業者

② **直近過去 3 年分の各年**又は**各事業年度の課税所得の年平均額**が **15 億円**を超える中小・小規模事業者

年間エネルギー使用量（原油換算値）が、原則として **100kL 以上 1,500kL 未満の工場・ビル等**（ただし、**100kL 未満でも、低圧電力、高圧電力もしくは特別高圧電力で受電している場合**は可）

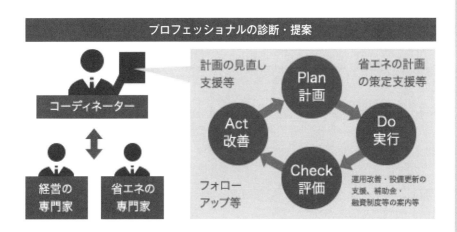

（3）**カーボンニュートラル・オンライン相談窓口：経済産業省（中小機構）の Scope1・2 に対する基礎的な Web 相談と、環境省の先進的な取り組み支援策（補助と診断）**

【経済産業省】

中小企業基盤整備機構では、中小企業・小規模事業者を対象に、カーボンニュートラル・脱炭素に関する**専門家による Web 相談を実施**しています。

◎ 経験豊富な専門家によるアドバイス

◎ 無料で何度でも

◎ Web 会議システムで全国どこからでも相談可能

【環境省等】

環境省では、先進的な脱炭素化を推進する企業に対し補助を行う取り組みを行っています。

2
何から始めたらよいか。どこに相談に行けばよいか【技術管理者対象】

◎ 工場・事業場における**先導的な脱炭素化取り組み推進事業**：中小企業に対する「脱炭素化促進計画」の策定の補助

（4）省エネお助け隊：地域密着型の省エネ相談

「省エネお助け隊」は、「地域プラットフォーム構築事業」で採択された**地域密着型の省エネ支援団体**です。中小企業等の省エネ取り組みに対して現状把握から改善まできめ細やかなサポートを全国各地で実施しています。中小企業等の省エネ取り組みに対して、**事前ヒアリング・事前打ち合わせ、省エネ診断・支援**を通し、**現状把握**から**改善**まできめ細やかなサポートをします。

◎ 省エネと経営の専門家集団が**省エネ診断**と**省エネ支援**

◎ 自社の**域内の省エネお助け隊に相談**が可能

◎ **設備の運用改善、設備更新の計画立案、資金計画のアドバイス**などが可能

（5）省エネ最適化診断：省エネ診断による省エネ・再エネ提案を実施

省エネ最適化診断は、「**省エネ診断**」による**使用エネルギー削減**に加え、「**再エネ提案**」を**組み合わせる**ことで、脱炭素化を加速する新しいサービスです。

◎ 専門家による訪問診断

◎ 診断結果・改善提案をまとめた報告書の説明

◎ 公的補助金等との連携

（6）環境省等の脱炭素化促進計画策定、分析、診断、設備更新：工場・事業場における先導的な脱炭素化取り組み推進事業（SHIFT 事業）

SHIFT 事業は、**意欲的な二酸化炭素排出削減目標を盛り込んだ脱炭素化促進計画を策定する事業**（「脱炭素化促進計画策定支援事業」）です。

意欲的な**削減目標を盛り込んだ脱炭素化促進計画に基づき高効率機器導入や燃料転換を実施して二酸化炭素の排出量を削減し、排出量の算定**及び**排出枠の償却を行う事業**（「設備更新に対する補助事業」）です。

SHIFT 事業		
対象	要件	補助額（補助率・補助限度額）
① CO2 排出量 50t 以上 3000t 未満の工場・事業場を保有する事業者 ・CO2 排出量削減余地の診断および「脱炭素化促進計画」の策定を支援 ・設備更新に対する補助 ・設備補助A：「脱炭素化促進計画」に基づく診断・計画 ・設備補助B：「脱炭素化促進計画」に基づく設備更新補助 ② CO2 排出量の算定・取引、事例分析	① 脱炭素化促進計画の策定支援 ・CO2 排出量 50t 以上 3000t 未満の工場・事業場を保有する事業者に対し、CO2 排出量削減余地の診断および「脱炭素化促進計画」の策定を支援 ② 工場・事業場単位で 15% 削減または主要なシステム系統で 30% 削減 ・設備補助A ・設備補助B	措置内容：①～②間接補助事業 ① 「脱炭素化促進計画」の策定を支援 ・補助率1・2、（補助限100万円） ② 設備更新に対する補助（補助率1/3）、（補助上限1億円） ・ガス化または電化等の燃料転換 ・CO2 排出量を 4,000t-CO2/年以上削減 ・システム系統で CO2 排出量を 30%削減

（令和5年度現在）

［Ⅱ．専門知識編］

第3章

Scope1（エネルギー調達手段の検討）の取り組み方

【技術管理者対象】

3.1 Scope1 再生可能エネルギー転換実施のための5つのフェーズ（Scope1 は、経営者のエネルギー転換方針を共有し、脱炭素とコスト削減策を段階的に推進する）

STEP1
① 経営者が実施する、エネルギー転換方針を作成し、全社で共有すること

STEP1
② 経営者が自社の電気を除く方針を全ての部門に示し、全社でエネルギー使用を長期的削減し、温室効果ガスをゼロにする計画を立てる

STEP1
③ 技術管理者が自社が燃料使用の一連の流れから発生する温室効果ガス排出量を算出する

STEP2〜3
④ 技術管理者が自社のエネルギー使用量チェックシートを作成し、脱炭素とコスト削減策を段階的に推進する

STEP4
⑤ 経営者が判断する、新規設備導入、既存設備改善に応じた補助金の検討

3.2　（STEP1）経営者が実施する、エネルギー転換方針の検討

（1）エネルギー転換の方針は、経営者が将来の技術開発動向も見据えつつ、電力を除く主要設備の温室効果ガスの削減と維持管理のコスト削減計画を立てることが重要

　燃料消費に伴う温室効果ガス排出量を、省エネルギー対策のみで大幅に削減することは困難です。**経営者**は、使用するエネルギーの種類から**温室効果ガスがゼロもしくは小さいものに転換していく方針を示す**ことが必要になります。

　経営者は、**脱炭素化の転換方針の検討**を始めるにあたっては、**将来の技術開発動向も見据えつつ、主要設備についてエネルギー転換の方針を検討**することが重要になります。

　具体的なエネルギー転換の方針としては、**経営者**は、第2章の「**エネルギー管理表**」から「**燃料ごとに発生する温室効果ガス排出量**」と「**維持管理コスト**」を参考にします。**部門別管理者**は、この方針をもとに部門ごと、設備ごとに算出した**運用改善計画**、**技術管理者**は、「**設備導入に応じた補助金**」を活用する**投資改善計画**を立てます。

3.3 （STEP1）経営者が自社の電気を除く方針を全ての部門に示し、技術管理者が全社でエネルギー使用を継続的に削減する計画を立てる

（1）Scope1 とは、経営者が自社の電気を除く方針を示し、技術管理者が第2章を参考に全てのエネルギー使用を、長期的、継続的に削減する計画を立て、実施すること

Scope1 とは、自社での燃料の使用や工業プロセスによる直接排出の温室効果ガスの排出量です。

Scope1 は、事業者が直接排出する温室効果ガスを計算したものであるため、企業の環境に対する姿勢が最もわかりやすく反映されます。まずは、Scope1 で、**経営者**は、**全エネルギー使用量を減らすための方針を全ての部門に示し、**Scope3 で説明するサプライチェーン排出量を減少させ、環境への影響を減らしていきます（排出例としては、燃料の燃焼から、工業炉、発電機、製造装置や、社内の焼却炉から排出される温室効果ガスの作業工程が該当します）。

① 技術管理者は、**第2章で説明した温室効果ガス排出量とエネルギー使用量**を、**エネルギー管理表**から、**事業者全体の燃料の使用量を把握**する。

② 技術管理者は、**どこの部門にどんな形で使用エネルギーのデータが記録されているのか確認**する。

③ 部門別管理者は、**どの設備で使用されるエネルギーの使用量のデータを、時間ごとに計測できるかを確認**する。

④ 技術管理者は、**2.4（データの可視化）**から、**投資改善か運用改善かを検討**する。

⑤ 技術管理者は、第2章から、「**運用改善は運転条件の最適化**」と「**省エネ提案項目と必要な計測項目**」を各部門に**周知**し、**実行**するように**責任者・担当者を指導**する。

⑥ 経営者、技術管理者は、**2.5（8）（投資改善支援策例）**から、**補助金、相談窓口を検討**する。

3.4 （STEP1）技術管理者が原材料調達・製造・物流・販売・廃棄など、自社の燃料使用の一連の流れから発生する温室効果ガス排出量を算出する

（1）技術管理者が自社の燃料使用量を確認し、第 2 章で説明したように、燃料ごとに発生する発熱量（削減対策に使用）、温室効果ガス排出量を算出する

　技術管理者は、**削減対策に必要な発熱量**を（燃料ごとに）算出する

① 「使用量」を燃料ごとに確認する

② 「単位発熱量」を確認する

③ 「発熱量」を燃料ごとに計算する

　技術管理者は、CO2 排出量を（燃料ごとに）算出する

① 「炭素排出係数」「CO2 重量比」を燃料ごとに確認する

② CO2 排出量を算出する

　技術管理者は、燃料ごとの CO2 排出量を合算する

Scope1（燃料の燃焼に伴う CO2 排出量）の計算方法

①「発熱量」を「燃料ごと」に算出

②①から燃料ごとの「CO2 排出量」を算出

③②で算出した各燃料ごとの CO2 排出量を合算する

3.5　（STEP2～3）技術管理者がエネルギー使用量チェックシートを作成し、コスト削減策を決める

（1）技術管理者は、自社の燃料使用量、発熱量、CO2排出量と年間管理費がわかるエネルギー使用量チェックシートを作成し、投資改善策を決める

　投資改善の仕方は、新規導入と既存設備の改善があります。**技術管理者**は、第2章で説明したエネルギー管理表から、以下に示すような月ごとのエネルギー使用量チェックシート（**企業排出CO2量診断／CO2排出量・一次エネルギー換算**）作成します。**技術管理者**は、**年間の管理費用を算出して投資改善策を考え**ていきます（出典：中小機構HP）。

企業排出CO2量判断／CO2排出量・一次エネルギー換算エネルギー使用量チェックシート（毎月入力用）

									（　　　　）年度					
			4月	5月	6月	7月	8月	9月	10月	11月	12月	1月	2月	3月
電力	使用量	実数	45000	41500	42000	43000	45000	44000	43000	42500	44000	44500	45500	45000
		CO2排出量	14310	13197	13356	13674	14310	13992	13674	13515	13992	14151	14469	14310
	使用料金	金額												
灯油	使用量	実数												
		CO2排出量												
	使用料金	金額												
A重油	使用量	実数	1500	1500	1500	1500	1500	1500	1500	1500	1500	1500	1500	1500
		CO2排出量	4064	4064	4064	4064	4064	4064	4064	4064	4064	4064	4064	4064
	使用料金	金額												
都市ガス	使用量	実数	2000	2000	2000	2000	2000	2000	2000	2000	2000	2050	2100	2100
		CO2排出量	4217	4217	4217	4217	4217	4217	4217	4217	4217	4322	4428	4428
	使用料金	金額												

（注）電気の購入先事業者のコードを、右表にしたがってプルダウンで選択してください。

累計 (A)	単位	電力事業者コード(半角)(注)	排出係数 (B)	単位発熱量 (C)	累計 CO2排出量 [(A)×(B)]or[(A)×(B)×(C)]		累計 一次エネルギー換算エネルギー使用量 (A)×(C)	累計 使用料金 (円)
525000	kWh	6	0.318 (kg-CO₂/kWh)	9.97 (MJ/kWh)	CO2排出量 (kg-CO2)	166950	一次エネルギー使用量 (MJ)	5,234,250	–
166950	kg-CO2								
	円		–	–	–	–	–	–
	L		0.0679 (kg-CO₂/MJ)	36.7 (MJ/L)	CO2排出量 (kg-CO2)		一次エネルギー使用量 (MJ)	–
	kg-CO2							
	円		–	–	–	–	–	–
18000	L		0.0693 (kg-CO₂/MJ)	39.1 (MJ/L)	CO2排出量 (kg-CO2)	48773	一次エネルギー使用量 (MJ)	703,800	–
48773	kg-CO2								
	円		–	–	–	–	–	–
24250	Nm³		0.0513 (kg-CO₂/MJ)	41.1 (MJ/Nm³)	CO2排出量 (kg-CO2)	51129	一次エネルギー使用量 (MJ)	996,675	–
51129	kg-CO2								
	円		–	–	–	–	–	–

（2）Scope1 の投資改善は、技術管理者が、代表的な投資改善策を参考に、企業自らの対策を検討することから始める

　代表的な投資改善対策には以下のようなものがあります。

【新規設備導入】

◎ 高効率パッケージエアコンの導入、適正容量の高効率コンプレッサーの導入、LED 照明の導入、高効率誘導

◎ 高効率誘導灯（LED 等）の導入、高効率変圧器の導入、プレミアム効率モーター（IE3）等の導入、高効率冷凍・冷蔵設備の導入、高効率給湯機の導入など。

◎ 重油ボイラーを都市ガスボイラー、ヒートポンプに転換、焼却炉を電気加熱炉に転換、工業炉を水素バーナーに転換

◎ ガソリン車またはディーゼル車をハイブリッド車、電気自動車、燃料自動車（FCV）に転換

【既存設備の部分更新・機能付加】

◎ 空調室外機の放熱環境改善、空調・換気のスケジュール運転・断続運転制御の導入、窓の断熱性・遮熱性向上（フィルム、塗料、ガラス、ブラインド等）、蒸気配管・蒸気バルブ・フランジ等の断熱強化

◎ 照明制御機能（タイマー、センサー等）の追加、ポンプ・ファン・ブロワーの流量・圧力調整（回転数制御等）など。

（3）既存設備の投資改善は、技術管理者がコスト削減と環境保全対策の補助制度を活用して、企業の負担を低減する

　既存設備の運用改善による省エネ対策のみで、燃料消費に伴う CO_2 排出を大幅に削減することは困難です。このため、**現在使用している設備のエネルギーの種類を CO_2 排出の小さいエネルギーの機器に転換**していくことが Scope1 の STEP4（削減計画）必要となります。

　Scope1 の STEP4（削減計画）は、エネルギー使用量チェックシート作成し、年間管理、発熱量と CO_2 排出量を考慮して、**コスト削減と環境保全対策を検討**します。例えば重油等を利用している主要設備を都市ガスへの燃料転換、電化、バイオマス・水素等への CO_2 フリーのエネルギー源への転換を図ることも一つの方法です。

　燃料転換の投資改善には、コストがかかるものです。「中小企業等の CO_2 削減比例型設備導入支援事業」[※]などの**補助制度を活用する**ことで、**企業の負担低減が可能**となります。

※この事業（グリーンリカバリー事業）は令和3年度に終了しました。SHIFT 事業が後継事業となりました。

3.6　（STEP4）経営者が判断する新規設備導入、既存設備改善は、目的に応じた補助金を選択

（1）環境省の脱炭素化効果が高い生産設備に対する投資改善：従来よりも省エネ性能の高い生産工程の構築　カーボンニュートラルに向けた投資促進税制（CN 税制）

　この事業は生産設備導入と生産工程への補助です。要件が数値化されています。

カーボンニュートラルに向けた投資促進税制（CN 税制）		
対象	要件	補助額（補助率・補助限度額）
① 大きな脱炭素化効果を持つ製品の生産設備導入 ② 生産工程等の脱炭素化と付加価値向上を両立する設備の導入	事業所等の炭素生産性（付加価値額／エネルギー起源CO2 排出量）を相当程度向上させる計画に必要となる設備（※）導入により事業所の炭素生産性が 10％以上向上することが必要 ※対象設備は、機械装置、器具備品、建物附属設備、構築物	最大 10％の税額控除又は 50％の特別償却 ＜炭素生産性の相当程度の向上と措置内容＞ ・3 年以内に 10％以上向上：税額控除 10％又は特別償却 50％ ・3 年以内に 7％以上向上：税額控除 5％又は特別償却 50％

（令和 5 年度現在）

（2）環境省の条件に応じた設備投資改善：先進的省エネルギー投資促進支援事業補助

　この事業は法人、個人事業主の補助です。企業の取り組みが評価されます。

先進的省エネルギー投資促進支援事業補助		
対象	要件	補助額（補助率・補助限度額）
法人および個人事業主 ※大企業は以下のいずれかの要件を満たす場合のみ対象 ・省エネ法の事業者クラス分け評価制度においてSクラスまたはAクラスに該当する事業者 ・中長期計画書の「ベンチマーク指標の見込み」に記載された2030年度の見込みがベンチマーク目標値を達成する事業者	（A）先進設備事業 　補助金額が「事業実施年数×100万円」以上の事業	（A）先進設備事業 【補助率】中小企業者等：10/10以内、大企業・その他：3/4以内 【限度額】上限額：15億円/年度 下限額：事業実施年数×100万円 【対象経費】 設備費
	（B）オーダーメイド型事業 　補助金額が「事業実施年数×100万円」以上の事業	（B）オーダーメイド型事業 【補助率】中小企業者等：10/10以内（投資回収年数7年未満の場合1/3以内） 大企業・その他：3/4以内（投資回収年数7年未満の場合1/4以内） 【限度額】上限額：15億円/年度 下限額：事業実施年数×100万円 【対象経費】 設備費
	（C）指定設備導入事業 　補助金額が20万円以上/事業全体 ・ユーティリティ設備 　高効率空調、業務用給湯器、高性能ボイラー、高効率コージェネレーション、低炭素工業炉、変圧器、冷凍冷蔵設備、産業用モータ、調光制御設備 ・生産設備 　工作機械、プラスチック加工機械、プレス機械、印刷機械、ダイカストマシン	（C）指定設備導入事業 【補助率】設備種別・性能（能力毎）に設定する定額の補助 【限度額】 上限額：1億円/年度 下限額：20万円/事業全体 【対象経費】 設備費
	（D）エネマネ事業 　補助金額が100万円以上/事業全体	（D）エネマネ事業 【補助率】 中小企業者等：1/2以内 大企業・その他：1/3以内 【限度額】 上限額：1億円/年度 下限額：100万円/事業全体 【対象経費】 設計費、設備費、工事費

（令和5年度現在）

3

Scope1（エネルギー調達手段の検討）の取り組み方【技術管理者対象】

第4章

Scope2（電力調達手段 の決定）の取り組み方

【技術管理者対象】

4.1　電力調達手段決定のための5つのフェーズ（Scope2は、 オンサイト型PPAかバーチャルPPAかを決定すること）

STEP1〜2　① 請求書（第2章）から自社の総電気使用量、再エネ賦課金、燃料調整費などの不要な料金を知ることから始める

STEP3　④ 電力調達方法の具体化。オンサイト型、オフサイト型、Jクレジットか、企業の状況に応じて導入を検討する

STEP1〜2　② 第2章から、設備ごとの電力消費量を把握し、削減対策は運転状況を可視化して組織で対策を検討する

STEP4　⑤ オンサイト型PPA、バーチャルPPAかなど、自社に応じた脱炭素化とコスト削減策の補助金を検討する

STEP1〜2　③ 再生可能エネルギーを使用できる電力調達手段を検討し、電力コスト削減策を決める

4.2 （STEP1 ～ 2）Scope2 は、技術管理者が電力会社から供給される自社の総電気使用量を知ることから始める

（1）電気使用量の把握は、技術管理者が電気の供給元ごと、熱の種類ごとの CO2 排出量を合算して算出することから始める

Scope2 とは、自社が他社から供給された**電気を使用したことによる間接排出の温室効果ガスの総排出量**です。

電力会社などの他社から電気や熱・蒸気を購入し、それらを電灯や空調などに使う場合が該当します。これらの温室効果ガスは「間接排出 =Scope2」と分類しています。

技術管理者が**電気の供給元ごと、熱の種類ごとの CO2 排出量を合算して算出**します。

A.「電気の CO2 排出量」を算出する

　1.　**電気の供給元ごと**の「CO2 排出量」を算出

　　1-1.　電気の使用量を確認する

　　1-2.「CO2 排出係数」を確認する

　　1-3.「CO2 排出量」を電気の供給元ごとに算出する

　2.　電気の供給元ごとの「CO2 排出量」を合算する

B.「熱の CO2 排出量」を算出する

　1.　**熱の種類ごと**に「CO2 排出量」を算出

　　1-1.　熱の使用量を確認する

　　1-2.「CO2 排出係数」を確認する

　　1-3.「CO2 排出量」を熱の種類ごとに算出する

　2.　熱の種類ごとの「CO2 排出量」を合算する

A ～ B を元に「Scope2」の排出量を算出する

（2）電力会社から供給される電気使用量の削減は、電力供給会社に対し、自社の取り組みルールを示すことから始める

Scope2 は他社から供給された電気の使用に伴う間接排出であり、技術管理者は、以下の対応が必要です。

◎ 今後 Scope2 算定を続けていくことを前提に、第 2 章の**電気の使用量のデータ分析のエネルギー管理表**の記入をルール化する

4.2 （STEP1 ～ 2）Scope2 は、技術管理者が電力会社から供給される自社の総電気使用量を知ること
から始める

◎ 請求書から、**電気の使用量**を記録するとともに、**使用金額**や **CO2 排出量**
まで把握できるように、職員教育を実施する

◎ 管理部門では、**設備ごとの電気使用量**、**時間ごとの電気使用量**を**計測でき**
るように検討する

（3）Scope2 の温室効果ガス排出量の計算方法は、電気の供給元（再生可能エネルギー電気の調達手段を含む）ごとの排出係数で算出した CO2 排出量を合算

Scope2 の温室効果ガス排出量の計算方法は、全ての電気供給元を合算することです。

Scope2（供給されたエネルギーの使用に伴う CO2 排出量）の計算方法（電気）

①電気の供給元ごとの「CO2 排出量」を算出

②①で算出した電気の供給元ごとの CO2 排出量を合算する

CO2 排出係数には、電気事業者が供給した電気について、発電の際に排出した CO2 排出量を販売した電力量で割った基礎排出係数と、電気事業者が調達した非化石証書等の環境価値による調整を反映した後の調整後排出係数があり、より正確な排出量を反映した調整後排出係数を使用するのが好ましい（電気事業者に確認）

4.3　（STEP1 ～ 2）再生可能エネルギーを使用する電気コスト削減は、調達手段で決まる

（1）再生可能エネルギー電気の調達手段は、技術管理者が 4 つの分類から検討する

「**再生可能エネルギー電気の調達**」は、従来のような温室効果ガスの排出量が高い発電施設で作られた電気ではなく、太陽光発電など**温室効果ガスが発生しない発電施設で作られた電気を使用する**ことを指します。自然エネルギー100％の電力を他社から購入する方法もこれに該当します。

　自然エネルギーで発電した電力を調達する方法は大きく分けて 4 とおりです。

① **自ら設備を導入して自家発電・自家消費する方法**

② **小売電気事業者が販売する自然エネルギー 100％の電力を選択する方法**

③ 電気を必要としている事業者（需要家）の敷地に**第三者（PPA 事業者）の負担（施設は第三者所有）で太陽光発電を設置し、その発電設備から需要家が電力を購入する方法**

④ 自然エネルギーの**環境価値（CO2 を排出しないなどの効果）を証書（グリーン電力証書、J－クレジット）で購入する方法**

（2）①自家発電・自家消費は投資費用を回収しやすいメリットがある

　太陽光は稼働までの期間の短さ、敷地内に設置可という手軽さが受けています。初期費用と保守管理費が発生しますが、**電気使用料金が不要**のため、長期にわたって発電すれば、トータルでは投資費用を回収しやすいでしょう。

　通常の電気料金に上乗せされる**再エネ賦課金が不要**です。

　敷地外の自社遊休地に自ら発電設備を設置し、送配電網を経由して、**自己託送で送電する方法**もあります。

　固定資産税課税標準の特例措置（FIT・FIP は対象外）、環境・エネルギー対策資金（日本政策金融公庫）、**県制度融資（グリーン枠）も活用**できます。

【自家発電・自家消費のメリット】

◎ 自家発電・自家消費の方法は、太陽光、水力、風力、地熱など多岐にわたりますが、**太陽光発電が一般的**です。**電気使用料金、再エネ賦課金、燃料調整費が不要**

◎ 屋根や遊休地の活用が可能
◎ 自家発電は FIT 制度のもと、**売電目的でも広く普及**しています。しかし、買い取り単価が低下するなか、**自家消費へ移行**する傾向
【自家発電・自家消費のデメリット】
◎ 設置場所の確保、工事等への対応が必要
◎ 稼働まで期間を要するため、即座に調達できない
◎ 継続的なメンテナンスが必要

再エネ電気プラン

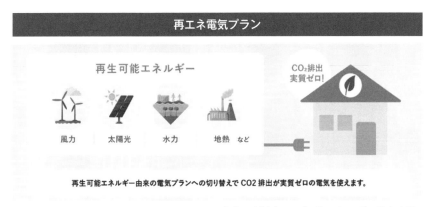

再生可能エネルギー

風力　太陽光　水力　地熱 など

CO₂排出
実質ゼロ！

再生可能エネルギー由来の電気プランへの切り替えで CO2 排出が実質ゼロの電気を使えます。

出典：環境省 HP「再生エネルギー導入方法」

（3）②小売事業者からの再エネ電力購入は、導入先事業者が取引先に最エネ事業者（例えば RE100 参加企業など）として認められているか確認すること

　小売電気事業者と契約し、**小売電気事業者が販売する再エネメニューに切り替えるだけでも可能**です。

　注意点は、小売電気事業者が販売する電気のすべてが再エネ由来というわけではないことです。**ほかの事業者が発電した再エネ電気**の中から、脱炭素という環境価値を切り離して**証書化された電力証書（グリーン電力証書）を購入**して、**電力証書を活用して再エネ電気として販売する仕組み**もあります。

　グリーン電力証書とは風力や太陽光、バイオマスなどの再生可能エネルギーで作った**グリーンな電気が持つ「環境価値」を「証書」**化して取引することです。再生可能エネルギーの普及・拡大を応援する仕組みです。

4

Scope2（電力調達手段の決定）の取り組み方【経営者対象】

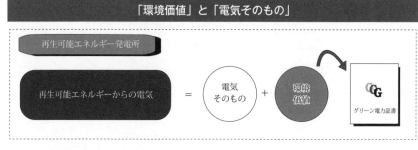

出典：環境省「グリーン電力証書活用ガイド」

（4）②再生可能エネルギー電気の調達（Scope2）／静岡県再エネ電気事業者例

　Scope2 の再生可能エネルギー事業者は各地にあります。静岡県を例に示します。

再エネ電気事業者（静岡県の例）	
事業者名	メニュー内容
アーバンエナジー㈱	FIT 電源 100％＋環境価値（トラッキング付非化石証書）
アスエネ㈱	再生 100％でエネルギーの生産者と消費者をつなげるクリーン電力サービス
㈱ UPDATER	全国各地の発電所から電気選択可能。
㈱ウエスト電力	非化石証書付き再エネ 100％
㈱エナリス・パワー・マーケティング	エネ 100％
ENEOS ㈱	バイオマス等の電源のうち、FIT 制度非適用の電源。CO2 排出係数を 0.000kg-CO2/kWh に調整した電力を供給するメニュー
エネサーブ㈱	FIT 電源 100％＋トラッキング付非化石証書

オリックス㈱	オリックスグループの保有するバイオマスおよび太陽光の FIT 対象電力を利用し、非化石証書を充当して電源のトラッキング可能。保有する太陽光を活用したトラッキング付電力供給も可能。法人限定で、再エネ率 100％の RE100 対応可能な電力を出来る限り割安で提供。
サミットエナジー㈱	環境に配慮した電気供給メニュー（非化石証書）
静岡ガス＆パワー㈱	再エネ由来の J －クレジット等を利用した CO2 フリーの電気メニュー
鈴与商事㈱	実質再エネ 100％による電気供給
鈴与電力㈱	実質再エネ 100％による電気供給
スマートエナジー磐田㈱	磐田産再エネ＋環境価値（再エネ由来クレジット等）
中部電力ミライズ㈱	静岡県内の水力発電所に由来する CO2 排出ゼロの電気を供給【地産価値有】 非 FIT 非化石証書（再エネ）を活用した CO2 排出ゼロの電気を供給【地産価値無】
東京電力エナジーパートナー㈱	・水力発電由来の電気を環境価値と共にリアルタイムに供給 ・太陽光由来の電気を環境価値と共にリアルタイムに供給 ・卒 FIT 住宅用太陽光等の環境価値を供給 ・FIT および非 FIT 電源由来の環境価値を発電所の属性情報を付与して供給
㈱浜松新電力	市内のバイオマス発電所から電源調達し、調整後排出係数 0.000000（t-CO2/kWh）として供給するプラン / 市内の太陽光発電所（非 FIT）とバイオマス発電所（非 FIT）から電源調達し、環境価値を非化石証書（再エネ指定）を用いて供給するプラン
日立造船㈱	トラッキング付非化石証書を付与することにより RE100 に準拠した再エネ 100％を供給するプラン
丸紅新電力㈱	再生可能エネルギー由来の電力供給　脱炭素化への総合的な援助
ミツウロコグリーンエネルギー㈱	2022 年度メニュー検討中

出典：静岡県「静岡県再エネ電気利用促進事業」

（5）③発電事業者（PPA 事業者）からの再エネ電力購入には、オンサイト型とオフサイト型があり、企業の状況に応じて検討すること

　再エネの購入は、企業と発電事業者（PPA 事業者）などが**電力購入契約（PPA）を締結**し、電力供給を受ける仕組み（PPA 事業者が発電設備を設置し、企業は消費した電気料金を支払う流れ）を理解し判断します。企業は、**初期費用な**

しで、**長期・固定料金で再エネ電力を調達できるモデル**として注目されています。

【PPA：電力購入契約（Power Purchase Agreement）】

◎ **PPA 事業者が発電設備の設置・発電と保守管理を行い、企業は消費した
電気の料金を PPA 事業者に支払う契約**です。

◎ PPA 事業者は、**利用分の電気料金と余剰電力を売電して、投資経費を回収**
します。なお、PPA 事業だけでは電気が不足する場合は、小売電気事業者
から電気を購入することになります。

◎ **長期固定価格（10 ～ 20 年程度）の契約であり、企業は長期にわたって
再エネを購入する義務を負います。**長期固定のため電力会社の電気代が跳
ね上がる時期は、価格メリットが大きいです。

◎ **PPA で購入した電力**のうち、**一定要件を満たす電力には再エネ賦課金、
燃料調整費がかかりません。**

◎ 発電設備の設置場所によって、次の 2 つのタイプに区分されます。

発電設備の設置場所による分類	
オンサイト型 PPA	・PPA 事業者が企業の敷地内に発電設備を設置して、発電、保守管理を行う。
オフサイト型 PPA	・PPA 事業者が企業の敷地外に発電設備を設置・発電し、送配電網経由で企業に送電する。 ・敷地内に発電設備の設置スペースを確保できない企業でも導入可能なモデル

（6）③オンサイト型 PPA の発電形態は、自家発電と同じだが、違いは PPA 事業者が発電設備を設置すること。技術管理者がメリット、デメリットを考慮して判断すること

オンサイト型 PPA は、**市場価格制度（FIP ＊固定価格 FIT 制度も継続）が
導入され発電量金額との差額確保が重要**です。施設所有者、PPA 事業者、電
力使用者それぞれにメリットがあり、技術管理者は、再生可能エネルギーの導
入に対し、以下のメリット、デメリットを考慮して判断します。

【メリット】（企業、需要家）

◎ 屋根や遊休地の活用が可能

◎ **初期費用が不要、設備の保守点検も不要**

◎ **再エネ賦課金、燃料調整費がかからない**

◎ 送配電網の利用料（**託送料金**）も不要

◎ 系統電力よりも安く設定されるため**電気代の削減が可能**

【デメリット】（PPA事業者、企業、需要家）

◎ **PPA契約は条件次第**。具体的には、**建物形状**や**日照の状況、敷地内の空きスペース**など自家発電できる環境にあることが前提。必ず**締結する契約条件を考慮**のこと。

【その他】

◎ オンサイトで自社需要を充足できない場合は、**不足分を小売電気事業者から購入**しなければならない。

◎ 敷地内送配電線が必要。将来的に自社社屋の取壊しや転売を検討する際、**PPA契約が制約**となる場合もありうる。

オンサイト型PPA

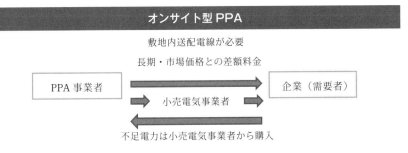

敷地内送配電線が必要

長期・市場価格との差額料金

PPA事業者 → 企業（需要者）

小売電気事業者

不足電力は小売電気事業者から購入

(7) ③オンサイト型PPAの導入は、技術管理者が設置条件と契約条件を事前に確認すること

設置場所や発電容量の条件によっては、PPA事業者が利益を期待できないため、断られることがあります。具体的には以下のようなケースです。審査基準はPPA事業者によって違い、設置時には、PPA事業者との契約を確認してください。**一部の事業者はPPAを新築のみに限定**しています。

PPAモデルは初期投資がかからない事業形態から、比較的挑戦しやすいことが最大の魅力です。慎重に契約条件を検討し進めることが大切です。

4
Scope2（電力調達手段の決定）の取り組み方【経営者対象】

オンサイト型 PPA の設置条件	
設置条件	設置時条件の詳細内容
日照量が不十分な地域	晴れの日の発電量を 100% とすると、くもりの日は 40 ～ 60%、雨の日は 10 ～ 20% と、発電量はダウンすると言われています。太陽光発電の設置する際には、設置予定の**地域の気候をしっかり考慮しなければなりません**。
積雪や塩害、強風などへの特別な対策が必要な場合	塩害を起こす塩分が飛来する距離はさまざまな説があり、地形や風向きによって大きく左右されます。したがって、対策としては重塩害対応機器を使用します。 ・海岸から 500m ～ 7000m 以内：北海道・東北・日本海側 ・海岸から 500m ～ 2000m 以内：一般的な地域 ・海岸から 500m ～ 1000m 以内：瀬戸内海 **積雪、塩害、強風対策の機材は開発されています。**
適切な設置場所を確保できない場合（スペースや屋根の向き、角度など）	より効率的な発電をするには、屋根の「形状」「方角」「角度」を考慮することが重要ポイントになってきます。**「方角南向き・傾斜角度30 度」**の屋根がもっとも発電効率がいいと言われています。 日当たりが最もよい**南を発電効率 100%** とすると、**南東・南西が96%、東・西が 85%、北が 60 ～ 65%** となり、北向きは発電効率が低いため、太陽光パネルの設置には不向きといえます。
設置容量が少なすぎる場合	**太陽光発電の容量**は、**kW という単位**で計算します。 kW は、JIS の規格で定められた算出方法で計測されるもので、**一定条件下**（AM1.5、放射照度 1,000W ／ m²、モジュール温度 25℃での値）**に、どれだけの発電量があるかを表現**しています。太陽光パネルの種類によって発電量は異なり、容量を大きくしようとすると設置するパネルの量を増やすことが必要になります。
設置工事やメンテナンスの負担が大きい場合	PPA モデルでは、設備費用、導入後のメンテナンスを PPA 事業者側が担います。したがって、需要家は契約期間中、太陽光発電システムのメンテナンスや修理をする必要はなく、維持管理に関する費用負担（保守・点検）やリスクを検討する必要がありません。

オンサイト型 PPA の契約時確認事項	
契約時の確認事項	契約時の確認事項の注意事項
契約・譲渡条件の確認	電力購入契約（PPA）は 15 年程度の長期の契約になるため、**事前に契約内容や譲渡条件をしっかりと確認**します。設備の所有権は PPA 事業者にあるため、**契約期間中は勝手に設備に手を加えることはできません。**
契約期間満了後の管理費の確認	契約期間が終わると、設備を PPA 事業者から需要家に譲渡されます。発電装置の管理も任されるため、**管理にかかる費用の確認が必要**です。

(8) ③オフサイト型 PPA は、PPA 契約先企業に適当な建物や敷地がない場合でも、初期費用なしで再エネ電力を送配電網経由で、安定調達できるメリットがある。間接型と直接型があり、技術管理者がそれぞれのメリット、デメリットを考慮して判断すること

【メリット】（企業、需要家）

① **初期費用が不要、設備の保守点検も不要**

② 社内に適地がない場合でも再エネ発電が可能であり、用地次第で大容量の電力を調達可能

③ PPA 事業のうち、**直接供給の自己託送**は、電気事業に該当しないため、**再エネ賦課金、燃料調整費はかからない**

【デメリット】（企業、需要家）

① **PPA 契約**は**長期・市場価格との差額料金**となる

② オンサイト型と異なり敷地外から送電するため、**託送料金が必要（送配電網の使用料）**

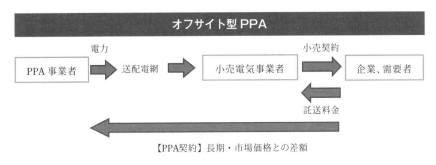

オフサイト型PPA・間接供給

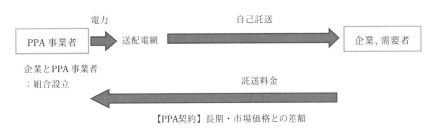

オフサイト型PPA・直接供給（自己託送利用）

（9）④グリーン電力証書、Ｊ－クレジットの購入は、自家発電で賄いきれない CO2 削減の不足分を購入する方法

　再エネで発電された電力を、CO2 削減に寄与する環境価値を証書化して取引（売買）の対象とする仕組みです。

　グリーン電力証書と非化石証書がありますが、**企業が直接購入できるのは、グリーン電力証書で、Ｊ－クレジット（再エネ由来）も購入可能**。電力証書の購入は、企業の CO2 排出量の削減不足を、**証書購入分として削減量に算定**できます。

【グリーン電力証書】

◎ **民間が発電する再エネ（非 FIT 電気に限る）の環境価値を証書化し、証書を賄いきれない再エネ不足分として取引する制度**：証書の発行団体は、民間、自治体、公共の団体など

◎ オフサイト PPA 導入は、託送料（送配電網の使用料）が不要。課題として、再エネ由来のため取引量に限度あり

【Ｊ－クレジット】（再エネ由来）

◎ **国が認証した機関の CO2 の排出削減量や CO2 吸収量をクレジット（排出権）として、企業や自治体等がクレジットを購入する制度**：クレジット市場は、2023 年 4 月から国がオープンで本格的な市場を稼働させる予定(GX リーグ参加の 440 社でスタート)

【非化石証書】

◎ **非化石電源（FIT 再エネ＋原子力）で発電された電力の環境価値を証書化**し取引する制度。非化石証書の収益は発電事業者でなく、FIT の財源に充当：小売電気事業者が、**電力とセットで購入し、再エネ電力メニューとして販売**

グリーン電力証書と再エネ由来Ｊ－クレジットの比較		
	グリーン電力証書	再エネ由来Ｊ－クレジット
運営主体	民間（日本品質保証機構）	国
購入者	制限なし	制限なし
電源種別	太陽光、風力、水力、バイオマス、地熱	同左
SBT、RE100 に活用	可能	可能

4.4 （STEP3）オンサイト型 PPA への補助金は、建築以外に自然災害に対応できる太陽光発電設備と蓄電池の普及が目的。オフサイト型 PPA への補助金は、さまざまな再エネ電力の活用事業への補助が目的。経営者が判断する

（1）環境省のオンサイト型 PPA への補助金は、再エネ導入・価格低減促進と調整力確保等により、地域の再エネ主力化とレジリエンス（エネルギーの自立）強化を図るのが目的：ストレージパリティの達成に向けた太陽光発電設備等の価格低減促進事業

オンサイト PPA 等は、自家消費型の太陽光発電設備や蓄電池の導入・価格低減が目的。**ストレージパリティ**（蓄電池を導入しないよりも、**蓄電池の導入による経済的メリットがある状態：自然災害対策**）の達成を目指します。

新たな手法による再エネ導入・価格低減により、地域の再エネポテンシャルを有効活用し、**レジリエンス（エネルギーの自立）強化**を図る。**デマンド・サイド・フレキシビリティ（需要側需給調整力）**の創出等により、変動性再エネに対する柔軟性を確保します。

【環境省】オンサイト型 PPA への補助事業		
対象	要件	補助額（補助率・補助限度額）
民間事業者・団体に対するオンサイト PPA モデル等を活用した初期費用ゼロでの自家消費型太陽光発電設備や蓄電池の導入支援とストレージパリティの達成	◎ オンサイト PPA による自家消費型太陽光発電・蓄電池導入 ◎ 需要側の運転制御によるデマンド・サイド・フレキシビリティ創出	オンサイト PPA ◎ 間接補助事業（太陽光発電設備 定額4～5万円/kWh（家庭用）または7万円/kWh（業務・産業用）上限1.5億円） ◎ 委託事業 蓄電池とセット導入の場合に限り7万円/kWh（PPA またはリース導入に限る）

（令和5年度現在）

（2）環境省の建築物への太陽光発電設備と蓄電池の導入が可能なオンサイト型PPAへの補助金は、スピーディーな意思決定と決裁手続きが必要：（1）ストレージパリティの達成に向けた太陽光発電設備等の価格低減促進事業（経済産業省連携事業）

【環境省】オンサイト型PPAへの補助金（建築物への太陽光発電など）		
対象	要件	補助額（補助率・補助限度額）
民間事業者・団体	◎ 業務用施設・産業用施設・集合住宅・戸建住宅への自家消費型の太陽光発電設備や蓄電池（車載型蓄電池を含む）の導入支援を行う（補助） ◎ ストレージパリティ達成に向けた課題分析・解決手法に係る調査検討を行う（委託）	オンサイトPPA 【太陽光発電設備】 ◎ 定額（4〜5万円/kW） ※ 戸建住宅は、蓄電池とセット導入の場合に限り7万円/kW（PPA又はリース導入に限る。） 【蓄電池】 ◎ 家庭用 定額（上限：補助対象経費の1/3） ◎ 業務・産業用 定額（上限：補助対象経費の1/3）

（令和5年度現在）

　この補助金は、令和4年度は公募要領が発行された時点では三次公募まで予定されていましたが、結果的には二次公募（23件）で終了となりました。今後も補助金は予定より早めに予算額に達成する可能性があります。導入の意思を事前に決めておかないと、公募要領発行から応募の締切りまでに時間がありません。**スピーディーな意思決定と決裁の手続きが必要**となります。

4.4 （STEP3）オンサイト型 PPA への補助金は、建築以外に自然災害に対応できる太陽光発電設備と蓄電池の普及が目的。オフサイト型 PPA への補助金は、さまざまな再エネ電力の活用事業への補助が目的。経営者が判断する

（3）環境省の建築物以外への太陽光発電設備の導入が可能なオンサイト型 PPA への補助金：（2）新たな手法による再エネ導入・価格低減促進事業（一部農林水産省・経済産業省連携事業）

太陽光発電を可能なオンサイト型 PPA への補助金は、建築物の屋根等以外にさまざまな施設に導入が可能です。

【環境省】オンサイト型 PPA への補助金（建築物以外への太陽光発電など）		
対象	要件	補助額（補助率・補助限度額）
民間事業者・団体等	① 駐車場を活用した太陽光発電（ソーラーカーポート）について、コスト要件を満たす場合に、設備等導入の支援を行う。 ② 営農地・ため池・廃棄物処分場を活用した太陽光発電について、コスト要件を満たす場合に、設備等導入の支援を行う。 ③ オフサイトに太陽光発電設備を新規導入し、自営線により電力調達を行う取り組みについて、当該自営線等の導入を支援する。 ④ 再エネ熱利用や自家消費または災害時の自立機能付きの再エネ発電（太陽光除く）について、コスト要件を満たす場合に、計画策定・設備等導入支援を行う。 ⑤ 未利用熱利用・廃熱利用・燃料転換により熱利用の脱炭素化を図る取り組みについて、コスト要件を満たす場合に、設備等導入支援を行う（燃料転換は新増設に限る）。 ①〜⑤の再エネ導入手法に関する調査検討を行い、その知見を取りまとめ公表し、横展開を図る。	◎ 建物における太陽光発電の新たな設置手法活用事業（補助率1/3） ◎ 地域における太陽光発電の新たな設置場所活用事業（補助率1/2） ◎ オフサイトからの自営線による再エネ調達促進事業（補助率1/3） ◎ 再エネ熱利用・自家消費型再エネ発電等の価格低減促進事業（補助率 3/4、1/3） ◎ 未利用熱・廃熱利用等の価格低減促進事業（補助率 1/2、1/3） ◎ 新たな再エネ導入手法の価格低減促進調査検討事業（委託）

（令和5年度現在）

（4）環境省のオフサイト型 PPA への補助金は、選択肢が多いデマンド・サイド型：（1）ストレージパリティの達成に向けた太陽光発電設備等の価格低減促進事業（経済産業省連携事業）

　民間事業者・団体に対するオフサイト型 PPA、再エネ調達促進事業です。整備手法により補助金額が異なります。

【環境省】オフサイト型 PPA への補助金		
対象	要件	補助額（補助率・補助限度額）
民間事業者・団体に対するオフサイト型 PPA による再エネ調達促進事業	需要側の運転制御によるデマンド・サイド・フレキシビリティ創出	オフサイト PPA ◎ 建物における太陽光発電の新たな設置手法活用事業（補助率1/3） ◎ 地域における太陽光発電の新たな設置場所活用事業（補助率1/2） ◎ オフサイトからの自営線による再エネ調達促進事業（補助率1/3） ◎ 再エネ熱利用・自家消費型再エネ発電等の価格低減促進事業（補助率 3/4、1/3） ◎ 未利用熱・廃熱利用等の価格低減促進事業（補助率 1/2、1/3） ◎ 新たな再エネ導入手法の価格低減促進調査検討事業（委託）

（令和5年度現在）

（5）経済産業省のＪ－クレジット活性化に向けた取り組み：2050 年カーボンニュートラルに向けた Ｊ－クレジットの活性化策

Ｊ－クレジット活性化に向けた計画、審査の取り組みを支援する事業です。

Ｊ－クレジット活性化に向けた支援		
対象	要件	補助額（補助率・補助限度額）
◎ 中小企業基本法の対象事業者 ◎ 自治体 ◎ 公益法人（一般 / 公益社団法人、一般 / 公益財団法人、医療法人、福祉法人、学校法人等）	① プロジェクト計画書作成に関する支援 ② 審査費用に関する支援	① プロジェクト計画書作成に関する支援 ◎ 1 事業者当たり 1 方法論につき 1 回限り ◎ 方法論あたりの CO2 削減・吸収見込量が年平均 100t-CO2 以上の事業であること ② 審査費用に関する支援 ◎ 審査（妥当性確認）に係る費用を 80％支援、プロジェクト実施者負担額が 20 万円を超える場合は、20 万円を超える分も支援 ※ただし、1 件当たりの支援額には上限あり ◎ 審査（検証）に係る費用を 100％支援 ※ただし、1 件当たりの支援額には上限あり

（令和5年度現在）

4.5 （STEP4）再生可能エネルギー電力の調達手段比較表（将来、オフサイト PPA は非化石証書に移行か？）

（1）再生可能エネルギー電力の調達手段は、技術管理者が事業者の現状に応じて長所、短所、補助制度から決定する

再エネ調達手段比較表				
再エネを調達 する手段	概要	長所	短所	補助制度
①自己所有・ 自家消費	発電設備を 事業所敷地 内に設置・ 運転し、発 電した電力 を自家消費	◎ 屋根や遊休地の 活用が可能 ◎ 電気使用料金、 再エネ賦課金、 燃料調整費が不 要 ◎ 余剰電力の売電 収入あり（FIT の場合）	◎ 設置場所の確保 が必要 ◎ 稼働まで期間を 要するため、即 座に調達できな い ◎ 継続的なメンテ ナンスが必要	ストレージ パリティの 達成に向け た太陽光発 電設備等の 価格低減促 進事業 （1）（2）
②小売電気事 業者との契約 （再エネ電気 メニュー）	自然エネル ギー100％の 電力を購入	◎ 当該プランの購 入契約のみで調 達が可能なため、 取引コストが相 対的に低い ◎ 小口でも調達可 能 ◎ 大口向けに、個 別のプランを提 供する小売電気 事業者もある	◎ 電力購入先の切 り替えが必要と なるため手続き が多い ◎ 拠点が複数地域 にまたがる場合 は拠点ごとの検 討が必要 ◎ 契約電力会社の 再エネ調達力に 依存するため、 将来の調達リス クがある	

4.5 （STEP4）再生可能エネルギー電力の調達手段比較表（将来、オフサイトPPAは非化石証書に移行か？）

再エネを調達する手段		概要	長所	短所	補助制度
③第三者所有モデル	オンサイト型	第三者が、発電設備を事業所内の屋根・敷地等に設置し、その発電した電力を購入	◎ メンテナンス等の手間が不要 ◎ 系統電力よりも安く設定されるため電気代の削減が可能	◎ PPA契約は条件次第。具体的には、建物形状や日照の状況、敷地内の空きスペースなど自家発電できる環境にあることが前提。契約条件を考慮のこと。 ◎ オンサイトで自社需要を充足できない場合は、不足分を小売電気事業者から購入しなければならない。 ◎ 将来的に自社社屋の取壊しや転売を検討する際、PPA契約が制約となる場合もありうる	ストレージパリティの達成に向けた太陽光発電設備等の価格低減促進事業（1）（2）
	オフサイトPPA・直接	大規模発電が可能	◎ 初期費用が不要、設備の保守点検も不要 ◎ 社内に適地がない場合でも再エネ発電が可能であり、用地次第で大容量の電力を調達可能		オフサイトPPA・直接
	オフサイトPPA・間接		◎ PPA事業のうち、直接供給の自己託送は、電気事業に該当しないため、再エネ賦課金、燃料調整費はかからない		オフサイトPPA・間接

再エネを調達する手段	概要	長所	短所	補助制度
④再エネ電力証書等の購入	自然エネルギーの電力が生み出す環境価値を証書で購入	◎ 数拠点の再エネ化の一括実行が可能 ◎ 電力購入先の切り替えなしに再エネ価値を調達可能 ◎ 長期契約が不要で、市況に応じて購入判断が可能	◎ 価格変動があり、かつ、相対的に高価現時点で流通量が限定的	

（2）バーチャル PPA とは、非化石証書の取引に移行して、設備費や管理費を削減する方法

2022 年、FIT 制度から FIP 制度（再エネを電力市場に統合する制度）に切り替わり、オフサイト PPA は、最終的にバーチャル型に移行すると言われています。

企業による PPA（Power Purchase Agreement、電力購入契約）を「コーポレート PPA」と呼びます。さらに、**オフサイト PPA** は、**電力と環境価値を一緒に取引**する「**フィジカル PPA**」と**環境価値のみを取引**する「**バーチャル PPA**」に分けられます。環境価値とは、CO_2 を排出しない方法で発電された電力がもつ、環境に負荷を与えないという価値で、この環境価値を、取引に適した形に変えたもののひとつが「**非化石証書**」です。

将来の PPA は、**発電事業者**は、太陽光発電由来の電力を**グリーン電力証書**として**市場価格**で**小売電気事業者に売却**し、**固定価格と市場価格の差額を受け取ります。需要家は契約価格（環境価値価格＋手数料）**を小売電力事業者へ支払う、**直接取引に移行**します。太陽光発電の設置工事は不要なので、設備本体や設置工事費用の負担が避けられ、太陽光発電の設置がなく、点検や修理、部品交換費用などの負担が不要となるからです。

4.5 （STEP4）再生可能エネルギー電力の調達手段比較表（将来、オフサイトPPAは非化石証書に移行か？）

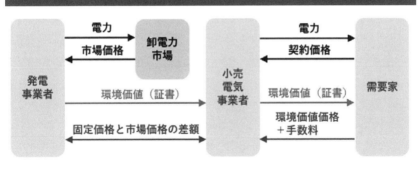

出典：自然エネルギー財団の資料を元に経産省作成

第5章

Scope3（経営改善につながる）の取り組み方

【技術管理者対象】

5.1 Scope3 実施のための 5 つのフェーズ（Scope3 は、サプライチェーンの温室効果ガスを 5S 活動で管理すること）

STEP1〜2
① Scope3は、経営者が企業活動と温室効果ガス（GHG）の削減の関連性を理解する

STEP1〜2
② Scope3は、経営者が自社の温室効果ガス（GHG）削減とサプライチェーンの削減との関連性を理解する

STEP1〜2
③ Scope3は、技術管理者が自社とサプライチェーンの上下流の温室効果ガス（GHG）排出量を削減する

STEP1〜2
④ 技術管理者と部門別管理者が、自社の温室効果ガス（GHG）排出量を算定する

STEP4
⑤ カテゴリごとの温室効果ガス（GHG）排出量の削減は、5S活動で管理する

5.2 （STEP1 ～ 2）Scope3 とは、経営者が企業活動と温室効果ガス（GHG）の関連性を理解すること

（1）Scope3 とは企業活動（カテゴリ 1 ～ 15 の合算）で直接排出した温室効果ガス（GHG）排出量が該当し、コスト削減に一番影響を与える

　Scope3 は、Scope1、Scope2 以外の事業者の活動に関連する他社の温室効果ガスの排出量です。製品の原材料調達から製造、販売、消費、廃棄に至るまでの過程において排出される**企業活動に伴う、温室効果ガスの全量（サプライチェーン排出量）**を経営者が確認します。企業活動のコスト削減に**一番影響を与える項目**です。

　具体的には、**自社が購入した物品の製造時の温室効果ガス排出量から、消費者による自社製品使用時の温室効果ガス排出量など**が該当します。Scope3 は、15 のカテゴリに分類されています［→　5.6（カテゴリごとの温室効果ガス）］。

　Scope3 を算定するうえで、「**活動量×排出原単位**」という基本式はシンプルですが、活動量と排出原単位に両方について、いくつかのパターンがあり、パターンによって算定の精度や難易度が異なってきます。

　Scope3 の算定は、**カテゴリ 1 ～ 15** を**技術管理者**が**合算**し、**Scope 3 の排出量を算出**します。

5.3 （STEP1〜2）Scope3 は、経営者が自社の温室効果ガス（GHG）排出量削減とサプライチェーン排出量削減との関連性を理解すること

（1）Scope3 での温室効果ガス（GHG）排出量削減の特徴は、サプライチェーンの上流側 1 社の削減を各企業でシェアすること

サプライチェーン上のうち **1 社が温室効果ガス（GHG）排出量を削減**すれば、**ほかのサプライチェーン上流側の各事業者も**、自社の**サプライチェーン温室効果ガス（GHG）排出量が削減**される考えです。まず、**経営者が理解する事項**です。

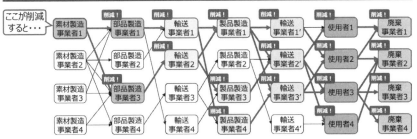

取引のあるサプライチェーン下流側の全事業者に対して、サプライチェーン上流の削減としてシェアされる。

出典：環境省「サプライチェーン排出量の算定と削減に向けて」

（2）Scope3 のサプライチェーンの温室効果ガス（GHG）排出量の削減と算定の取り組みは、自社だけではない対外的なメリットをもたらすことを、経営者が認識すること

サプライチェーン排出量を算定するメリットについて企業の声を紹介します。

① **経営者**による自社の**削減対象の特定／削減意識の啓発**

サプライチェーン排出量の全体像（総排出量、排出源ごとの排出割合）を把握することで、**優先的に削減すべき対象を特定**できます。その特徴から長期的な環境負荷削減戦略や事業戦略策定のヒントを導き出すこともできます。

取り組むべき課題が明確になり、より具体的な削減数値として提示できるよう
になりました。また、社内外に環境活動に取り組む姿勢を示すことで、排出量
削減に向けた活動意識を社内で共有しています。（Scope1・2・3）

② **経営者**による他事業者との連携による削減

サプライチェーン上の他事業者と環境活動における連携が強化し、環境負
荷低減施策の選択肢が増え、CO2 削減が進みます。また、**投資環境（第 7
章）、目標設定（第 8 章）の一貫**としてサプライチェーン排出量算定を要
請する企業もあるため、**新規顧客開拓へも繋がります。**

サプライヤーである包装材メーカーに対しフィルム・トレイの軽量化を要請した。
結果、軽量化が実現して両メーカーでともに CO2 削減が進んでいます。
（Scope3）

③ **経営者**による **TCFD、ESG 投資（第 7 章）の情報開示**で**企業の選別化**

企業の情報開示の一環として、サプライチェーン排出量を TCFD、ESG 投
資の状況を WEB サイトなどに掲載することで、**環境対応企業としての企
業価値を明確**にできます。サプライチェーン排出量の把握・管理は**一つの
正式な評価基準として国内外で注目**を集めており、グローバルにおいても、
投資家ら**ステークホルダーへの社会的信頼性向上**に繋がり、**ビジネスチャ
ンスの拡大が期待**されています。

外部からの目標認定（SBT 等）への対応や、TCFD の賛同、開示を報告。外
部公表に活用し、自社の環境活動の PR として展開。投資環境が向上しています。

Scope3 の算定が重要な理由は、**企業（経営者）**が算定により以下にあげる

さまざまなメリットを得ることができるためです。

- ◎ **削減対象の特定**
- ◎ **他事業者との連携による削減**
- ◎ **機関投資家などへの質問対応**
- ◎ **環境経営指標への活用**
- ◎ **削減貢献量の評価**
- ◎ **CSR 情報の開示**

出典：環境省「サプライチェーン排出量算定の考え方」

（3）Scope3 の目的は、サプライチェーン全体の温室効果ガス（GHG）排出量の情報開示（TCFD）／目標設定（SBT 等）の求めに応じ、世界的な脱炭素化に貢献すること

Scope3 では、事業者自らの温室効果ガス（GHG）排出量削減だけでなく、自社を含めた排出量を算定・削減することです。**サプライチェーンの企業**には、**外部環境から排出削減の情報開示や目標設定**［→ 第 7 章、第 8 章］が求められています。世界的な脱炭素化に貢献することが目的です。

- ◎ 日経環境経営度調査や CDP など企業の環境評価では、**Scope3 設問が定着**
- ◎ CDP や Global Reporting Initiative（GRI）では、**Scope3 の開示をする**ことを要求
- ◎ 気候関連財務情報開示タスクフォース（TCFD）最終報告書では、企業が**Scope1・2・3 の算定結果とその関連リスクについて、自主的な開示をする**ことを提案［→ 第 7 章］
- ◎ Science Based Targets(SBT) では、**Scope3 について「野心的」な目標を設定する**ことを要求［→ 第 8 章］

5.4　（STEP1 ～ 2）Scope3 は、技術管理者が自社とサプライチェーンの上下流の温室効果ガス（GHG）排出量を削減すること

（1）Scope3 の実施に必要なサプライチェーン温室効果ガス（GHG）排出量の算定は、目標設定、範囲確認、カテゴリ分類、算定の 4 つの段階で行うこと

　サプライチェーン排出量算定も、**大まかに分けると 4 つの段階**から構成されています。この段階を**技術管理者が管理評価**します。

　＊脱炭素化の 4 つのステップとは異なります。

サプライチェーン排出量算定の 4 つの段階

段階 4 各カテゴリの算定
段階 4-1：算定の目的を考慮し、算定方針を決定
段階 4-2：データ収集項目を整理し、データを収集
段階 4-3：収集したデータを基に活動量と排出原単位から排出量算定

段階 3 Scope3 活動の各カテゴリへの分類
サプライチェーンにおける各活動を、漏れなくカテゴリ1～15に分類する

段階 2 算定対象範囲の確認
サプライチェーン排出量の算定の際には、グループ単位を自社ととらえて算定する必要がある

段階 1 算定目的の設定
自社のサプライチェーン排出量の規模を把握し、サプライチェーンにおいて削減すべき対象を特定する等の算定に係る目的を設定

出典：環境省「サプライチェーン排出量算定の考え方」パンフレット

　Scope3 は、お金の流れにより上流と下流に分類されています。カテゴリ 1 ～ 8 までが上流で、9 ～ 15 までが下流です。上流と下流はそれぞれ以下のように定義されています。
① 上流：原則として**購入した商品やサービス**に関する活動
② 下流：原則として**販売した商品やサービス**に関する活動

（2）経営者や技術管理者が用意する、Scope3 に必要な基本的算定資料、サプライチェーン温室効果ガス（GHG）排出量の算定方法は、環境省「グリーン・バリューチェーンプラットフォーム」に掲載されている

経営者、**技術管理者**は、**部門別管理者**の温室効果ガスの**排出量算定・管理**に際して、**基本的な 4 つの資料**を用意します。Scope3 のサプライチェーン排出量を算定する際には、必ずこれらの資料を準備します。

温室効果ガスの排出量算定のための資料	
基本ガイドライン	各カテゴリの概要や、基本的な計算式を示したもの カテゴリの中で複数の算定方法が考えられる場合、複数の算定方法を掲載
排出原単位について	排出原単位の考え方や整備方針、使い方、留意点等をまとめたもの。排出原単位データベースの使い方等の詳細を掲載
排出原単位データベース	サプライチェーン排出量算定に使用可能な排出原単位を掲載。「サプライチェーンを通じた組織の温室効果ガス排出等の算定のための排出原単位データベース」には、利用可能な海外の排出原単位データベースの一覧も掲載
算定支援ツール	サプライチェーン排出量算定に活用することができるエクセルファイル。基本ガイドラインにおいて紹介されている全ての算定方法を掲載

出典：環境省「グリーン・バリューチェーンプラットフォーム」
（http://www.env.go.jp/earth/ondanka/supply_chain/gvc/）

5.5　（STEP1 ～ 2）技術管理者と部門別管理者が管理する「活動量」から、自社の温室効果ガス（GHG）排出量を算定する

（1）温室効果ガス（GHG）排出量算定は、技術管理者と部門別管理者が管理する「活動量」と「排出原単位」の掛け算

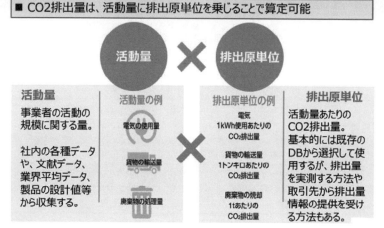

出典：環境省「サプライチェーン排出量詳細資料（2019 年 11 月 26 日更新版）」

　活動量とは、事業者の活動の規模に関する量のことを言います。例えば、電気の使用量や貨物の輸送量、廃棄物の処理量などがこれにあたります。これらは、社内の各種データや、文献データ、業界平均データ、製品の設計値などを用いて情報を収集する必要があります。

　排出原単位とは、**活動量あたりの CO2 排出量**のことを言います。例えば、活動量を電気の使用量とした場合、**電気を 1kWh 使用したあたりの CO2 排出量**などが該当します。排出量は、基本的には環境省が公表しているデータベース上の原単位を用いることで計算することができます。

　サプライチェーンを通じた組織の温室効果ガス排出量等の算定は、共通の排出原単位データベースを使用します。

　「活動量×排出原単位」という基本式はシンプルですが、活動量と排出単

位に両方について、いくつかのパターンがあり、パターンによって算定の精度や難易度が異なってきます。

　例えば、カテゴリ3の排出原単位のうち、電気・蒸気については、環境省「排出原単位データベース」（2021年3月リリース）のシート「[7] 電気・熱」に記載されています。

　電気・蒸気以外の排出原単位は「排出原単位データベース」には直接記載されていません。しかし、「排出原単位データベース」内にもリンクの記載があり、LCIデータベースIDEAv2（サプライチェーン温室効果ガス排出量算定用）で確認することができます（使用には申請が必要です）。

5.6　（STEP4）カテゴリごとの温室効果ガスは、5S 活動で管理する

（1）カテゴリ 1「購入した製品・サービス」は、原材料から製品までの 3R の推進が重要（整理・整頓）

　カテゴリ 1 の活動量は、販売した製品を販売先や消費者が**廃棄する際にかかる排出量**です。

　原材料、部品、梱包資材、容器などの**調達量**が挙げられます。

　社内業務であっても、外部に委託している場合は自社での排出ではないためこのカテゴリに該当します。

　原単位は、**購入物量の金額**です。

＊　カテゴリ 1 の排出原単位は、排出原単位データベースのシート「5 産連表 DB」に記載されています。

◎　物流ベースの排出原単位は、D 列の「物流ベースの排出原単位」

◎　金額ベースの排出原単位は、F 列の「生産者価格ベース」を参照します。

　金額ベースの排出原単位は購入者価格ベースもありますので要注意です。

参照元：環境省「排出原単位データベース」＜ 2021 年 3 月リリース＞（Excel）

　カテゴリ 1 では、**調達量**と**調達金額**の**2 つの算定方法**がありますが、「**調達量（重量）**」で**算定**したほうが**正確な排出量を把握**できます。

＊　カテゴリ 1「購入した製品・サービスの計算方法：単位は排出単位のデータベースの基準に合わせています」

カテゴリ 1「購入した製品・サービス」の計算式			
カテゴリ 1 の排出量の算定方法	活動量		排出原単位
①調達量で算出：CO2 排出量	調達量（t）	×	（t・CO2/ ○○）
②金額で算出：CO2 排出量	金額（百万円）	×	（t・CO2/ 百万円）

出典：環境省「サプライチェーン排出量算定の考え方」

　カテゴリ 1「購入した製品・サービス」の算定に対する**削減対策**は、原材料から製品までの過程を、**整理（基準・帳票、不要品一層、不用品判定と処分工程・表示）、整頓（材料・部品・完成品、仕掛品、不良品）**に区分し、Reduce（リ

デュース）、Reuse（リユース）、Recycle（リサイクル）のすることです。次表
にその削減対策を示します。

3R の具体例	
3R	具体例
Reduce （リデュース）	◎ 耐久性の高く、省資源化が可能な材料・原料の採用 ◎ 設計時に、製品ができるだけ長く使えるように工夫をする（耐久性、修理性等） ◎ 設計時に、製品ができるだけ少ない材料、部品等で構成するように工夫する（省資源化、VE・VA） ◎ 製造時に、原材料を無駄なく効率的に使うような工夫 ◎ 製造時の不良率の削減と生産性の向上 ◎ 製品の修理や点検等のアフターサービスの充実により、製品の長期使用の促進 ◎ 機械器具等の手入れ方法や修理方法を工夫（TPM 等）して長期使用に努める ◎ 簡易梱包、簡易包装、詰め替え容器、通い箱等の利用、普及 ◎ 利用頻度の少ないものをシェアする仕組み、不用品を有効に活用、食品ロス等を削減する仕組み、5S の徹底
Reuse （リユース）	◎ 設計時に、製品本体や部品のリユースがしやすいような工夫 ◎ 使用済製品を回収して本体や部品の再生（再び新品同様の製品） ◎ 使用済製品、部品、容器を回収、再使用
Recycle （リサイクル）	◎ 設計時に、製品使用後のリサイクルがしやすいような工夫 ◎ 製造時に、できるだけリサイクル原材料の使用 ◎ 使用済みとなった自社製品の回収・リサイクル ◎ 発生した副産物・使用済製品のリサイクルの効率化（仕組みづくりを含む）

（2）カテゴリ 2「資本財」は、設備や工場のライフサイクルに対する キャッシュフローの削減が重要（清掃・清潔）

　資本財を算定するときは、**年間設備投資金額**をもとに算定します。**データは有価証券報告書から収集**します。

　活動量は、製品を生産するための設備や工場などを増設する際の**調達金額**です。具体的な活動には生産設備の増設時の調達金額が該当します。建設業の場合、建築完了までに複数年かかれば、完了した年にまとめて計上します。

　原単位は、購入品目の内容とは関係なく、**会社の業種で決まります**。会計データの金額をもとに、環境省の関連する排出原単位を使って算定できる設備等の購入金額が原単位です。**※資料①（環境省 DB）：環境省 HP　出原単位デー**

タベース（Ver.2.6）

カテゴリ 2 「資本財」の計算式			
カテゴリ 2 の排出量	活動量		排出原単位
資本財の排出量	年間設備投資金額 （百万円）	×	3.39（tCO₂/ 百万円）

出典：環境省「サプライチェーン排出量算定の考え方」

リースか、購入か、削減対策は、**資本財のライフサイクルのキャッシュフローを用いた手法**で、**清掃（設備点検のルール・帳票の作り方、一斉清掃・日常清掃、設備清掃・漏れ・温度対策）**で、**資本財の環境負荷を評価**する**環境コミュニケーションが妥当**とする**清潔（ピカピカ作戦、清潔な環境の進め方）**が考えられます。

（3）カテゴリ 3 「Scope1・2 に含まれない燃料及びエネルギー活動」は、Scope1・2 以外の燃料使用量の削減が重要（整理）

カテゴリ 3 は、Scope1・2 に含まれない燃料及びエネルギー関連活動に伴う排出です。つまり、発電に必要な燃料やガソリンの採掘、精製での温室効果ガスの排出をカテゴリ 3 として算定します。

活動量は、Scope1・2 で使用するエネルギーの燃料を採掘・精製する際に発生する**燃料、電気、蒸気のエネルギー使用量**を指します。

カテゴリ 3 「Scope1・2 に含まれない燃料及びエネルギー活動」の計算式			
カテゴリ 3 の排出量	活動量		排出原単位
ガソリンの排出章	使用量（kL）	×	ガソリン排出原単位（t-CO2/kL）*
軽油の排出章	使用量（kL）	×	軽油排出原単位（t-CO2/kL）*
LPG の排出章	使用量（t）	×	LNG 排出原単位（t-CO2/t）*
都市ガスの排出章	使用量（千 m³）	×	都市ガス排出原単位（t-CO2/ 千 Nm³）*
電気の排出章	使用量（kWh）	×	0.0354（kgCO2/kWh） 【7】電力

＊参照：カーボンフットプリントコミュニケーションプログラム　基本データベース
　　　Ver.1.01（国内データ）

出典：環境省「サプライチェーン排出量算定の考え方」

　例えば、火力発電所で電気を生み出す際に使用する、石油燃料などがこのカテゴリです。石油だけでなく、ディーゼル発電機に使う軽油なども該当します。

　原単位は、**環境省のエネルギーに対する、燃料種別原単位**が該当します。

　削減対策は、Scope1・2と同じで、**整理（燃料、電源等のオン・オフ）**による、購入する燃料、電力、熱の消費量に影響する電気、蒸気の**使用量の削減**です。

（4）カテゴリ4「輸送、配送（上流）」は、1回ごとの輸送距離、重量等の輸送手段を検討し、全社の合計値の削減が重要（整理、整頓）

　輸送手段や入手可能なデータの種類により、いくつかの算定方法があります。

　カテゴリ4の対象になるのは「他社への配送（**調達物流**、**横持物流**、**出荷物流**）のみ」です。仲介業者や倉庫を介した場合にも、「1次サプライヤーから自社まで」すべての他社への配送が対象になります。「自社配送」は、使用燃料が「Scope1」で算定されましたので、対象外です。

　活動量は、商品を輸送する際に生じる温室効果ガスのうち、購入したものを運ぶ場合の**輸送量（輸送に使う主なトラックの大きさと平均的な積載率）**、購入した製品サービスに関する**輸送量（生産拠点から配送センターまでの最長距離＋配送センターから自社までの距離）**を指します。

　販売する際の輸送、配送は、後ほど説明する下流（カテゴリ9）のほうに分類します。注意しましょう。下流が対象になるのは自社が「荷主」の場合です。

　原単位は、省エネ法の報告値が該当します。原単位は、**輸送シナリオのトンキロ(輸送する重さ（トン）に輸送距離（キロ）を乗じ）**が該当します。

カテゴリ4「輸送、配送（上流）」の計算式					
カテゴリ4の排出量の算定方法	活動量				排出原単位
①トンキロ法排出量（トラック）	輸送トンキロ（t・km）	×	燃料使用原単位（t・CO2・kl）	×	排出原単位（t・CO2/〇〇）
①トンキロ法排出量（鉄道・船舶・航空）	輸送トンキロ（t・km）	×	輸送機関別排出原単位		
②燃料法排出量	燃料使用量（kWh・MJ ほか）			×	排出原単位（t・CO2/〇〇）
③燃費法排出量	輸送距離（km）	×	燃費（km/l）	×	排出原単位（t・CO2/〇〇）

出典：環境省「サプライチェーン排出量算定の考え方」

　カテゴリ4の**削減対策**は、企業が日ごろから「**輸送、配送**」どのようなデータを記録しているかで、算定方法は変わります。**整理・整頓（荷主目線で、配送先に対しドライバーの負担、アウトソースを対応）**で、1回ごとの輸送距離、重量等の**輸送手段を検討**することです。

① 燃料使用量が把握できる場合

② 精度を重要視する場合　　　　　　　　➡　　燃料法と燃費法

③ 精度を重要視しない場合

④ 貸切便、共同輸配送の場合

＊「燃料法と燃費法」では、運送業者から按分したデータを貰うので、自社で
　按分する必要はありません。燃料使用量で決まります。

（5）カテゴリ5「事業から出る廃棄物」は、分別した廃棄物処理量が重要（整理、整頓）

　活動量は、**廃棄物種類別排出量**です。具体的には、**有価のものを除く、廃棄物**の**自社以外**での**輸送**や**処理**の過程で**発生するCO2**などがあります。以下の注意が必要です。

◎「廃棄物の処理やリサイクル」に該当する流れは、「Scope1」「Scope2」や、
　カテゴリ1「購入した製品・サービス」に該当するものもありますので、
　カテゴリ5以外、**自社内でリサイクルした場合**は、「Scope1」または「Scope2」
　に該当し、**対象外**です。

◎ 金属等の**有価物（売れるもの）**は**対象外**になります。

◎ **他社がリサイクル**し、**自社で使用する資源**、**他社のリサイクルによって作**
　られた製品・部品は、カテゴリ1「購入した製品・サービス」に該当し、
　対象外です。

　原単位は、**廃棄物種類別原単位**です。廃棄物種別ごとの**廃棄物処理委託量**を活動量とし、廃棄物種別ごとの処理時の排出原単位を乗じることで求めることができます。**環境報告書用の集計値**などの**データを収集**することができます。

　廃棄物における輸送は、任意になっていますので含めても含めなくてもよい任意算定範囲です。「Scope3基準及び基本ガイドライン」では輸送は任意の算定対象とされているため、処理にかかる部分のみの計上でも問題ありません。ただし、排出された廃棄物は、作業現場（工場）からの産業廃棄物と、事業所や拠点からの一般廃棄物が含まれます。必ず、分けて計算します。

カテゴリ5「事業から出る廃棄物」の計算式			
カテゴリ5の排出量	活動量		排出原単位
事務所の一般廃棄物の排出量	廃棄物量（t）	×	0.0365t-CO2e/t【8】廃棄物種類・処理方法別排出原単位「紙くず」
工場の産業廃棄物の排出量	廃棄物量（t）	×	0.136t-CO2e/t【8】廃棄物種類・処理方法別排出原単位「廃プラスチック類」リサイクル
合計	事務所の一般廃棄物の排出量＋工場の産業廃棄物の排出量		

出典：環境省「サプライチェーン排出量算定の考え方」

　廃棄物は**分別量・処理量**し、**全排出量**の**削減対策**は、**整理（基準・帳票、不要品一掃、不用品判定と処分工程・表示）、整頓（材料・部品・完成品、仕掛品、不良品）**が重要です。

（6）カテゴリ6「出張」は、出張形態の検討が重要（整頓、しつけ）

　活動量は、**交通手段別交通費支給額**です。従業員が出張の際に使用する電車や飛行機などの交通機関、車での移動がこちらに該当します。**「出張」の算定範囲**には、**下記のポイントに注意**が必要です。

◎ 対象は交通機関利用の排出
◎ 宿泊による排出は任意算定対象
◎ 自社保有の車両による移動は含まない（「Scope1」または「Scope2（電気自動車）」に該当）
　「従業員」の対象については下記の点に注意が必要です。
◎ 報告する年の前年4月1日時点で期間を定めず使用されている者が対象
◎ 報告する年の前年4月1日時点で1か月を超える期間を定めて使用されている者が対象
◎ グループ会社の場合、連結事業者の従業員も含む
◎ フランチャイズの従業員は対象外だが、対象にすることもできる
　カテゴリ6の**排出原単位**は、**交通費支給額**です。下記に記載されています。

1-1　「交通機関における排出量」　　原単位→シート「11交通費」
1-2　「宿泊における排出量」　　　　原単位→シート「12宿泊」
1-3　「交通機関」＋「宿泊」

カテゴリ６「出張」の計算式			
カテゴリ 6 の排出量	活動量		排出原単位
交通機関における排出量	交通費支給額（円）	×	排出原単位
宿泊における排出量	宿泊数（回）	×	排出原単位
合計	交通機関における排出量＋宿泊における排出量		

その他「従業員数からの算出」原単位→シート「13 従業員」

出典：環境省「サプライチェーン 排出量算定の考え方」

　　カテゴリ６の削減対策は、**出張方法の検討**で、**しつけ（管理・監督者による 5S 運動教育）、整頓（交通手段・出張の回数・人数の見直し、業務工数の削減、予約制御機能で内部統制を強化：交通費・宿泊費の割引率）**が**ポイント**となります。

（7）カテゴリ７「雇用者の通勤」は、通勤形態の検討が重要（整頓）

　　カテゴリ７の**活動量**は、**交通費支給額**です。通勤における従業員の移動も、出張と同じ、Scope3 の排出量に分類します。

　　カテゴリ７の算定範囲は、下記の点に注意が必要です。

◎ 自社保有車両での通勤は含まない（「Scope1」または「Scope2（電気自動車）」に該当）

◎ 従業員の基準は、カテゴリ６「出張」を参照

◎ テレワークによる排出は、任意算定対象

　　カテゴリ７の**排出原単位**は、次記に記載されています。

カテゴリ７「雇用者の通勤」の計算式						
カテゴリ７の排出量	活動量		排出原単位		その他	
①「通勤者の排出量」の原単位 → シート「11 交通費」						
通勤者における排出量	交通費支給額(円)	×	排出原単位		-	
テレワーク従業員における排出量	燃料の調達量（kWh・MJ 他）	×	排出原単位	＋	電気使用量(単位：kWh)	×　CO2 排出係数

合計	通勤者における排出量＋テレワーク従業員における排出量			
②「従業員数からの算出」の原単位 → シート「14 従業員【勤務日数】」				
従業員数から算出	従業員数（人）	×	排出原単位	-

出典：環境省「サプライチェーン 排出量算定の考え方」

　カテゴリ7の削減対策は、**通勤形態の検討**です。**整頓（割引率：6カ月定期券の購入、作業形態の見直し）**が**ポイント**となります。

（8）カテゴリ8「リース資産（上流）」は、デジタルトランスフォーメーション（DX）によるスモールオフィス化の検討が重要（整理、清掃）

　活動量は、**自社が賃借するリース資産の稼働**における**燃料使用量**が該当します。カテゴリ8「リース資産（上流）」の算定範囲は、下記の点に注意が必要です。

◎ 算定・報告・公表制度での算定対象としての自社が利用するリース資産の排出は、Scope1・2に算定計上するため、実際には該当なしの場合が多いのが特徴です。

◎ 車など短期リースで、算定・報告・公表制度 で対象にしていない資産については、「**借り手側**」と「**貸し手側**」でダブルカウントが生じないように**確認**します。Scope1・2に算定するか、このカテゴリ8「リース資産（上流）」に算定するかを判断する必要があります。

　原単位は、**燃料種別原単位**です。オフィスを借りている場合に、そのオフィスでの業務で発生した燃料種別温室効果ガスがこのカテゴリに該当します。ただし、電気などScope2に計上するものはこのカテゴリには算出しません。

　カテゴリ8の計算方法は次の3種類があります。

◎ **①は、Scope1・2**同様に、リース資産に対する**エネルギー使用量**と**種別**で計算します。3種類の中では、最も精度が高い計算方法です。

◎ ②は、エネルギー種別が分からない場合で、**加重平均した排出原単位**で計算します。シート「15 建物【エネルギー】」に記載されています。

　＊参考：環境省「排出原単位データベース」2021年3月リリース（Excel）

◎ ③は、「床面積」で算出します。算出する際の排出原単位各排出原単位は、シート「16 建物【面積】」に記載されています。

5

Scope3（経営改善につながる）の取り組み方【技術管理者対象】

カテゴリ8「リース資産（上流）」の計算式		
カテゴリ8の排出量の算定方法	活動量	排出原単位
① リース資産ごとにエネルギーの種別が把握できる	エネルギーの種別使用量（kg、L、Nm³等）	× エネルギーの種別原単位
② リース資産ごとにエネルギーの種別が把握でない	エネルギーの使用量（kg、L、Nm³等）	× エネルギーの種別を加重平均した原単位
③ 床面積から算出	建築物の床面積（m²）	× 排出原単位

出典：環境省「サプライチェーン 排出量算定の考え方」

　削減対策は、企業が賃借しているリース資産の稼働ですから、**整理（燃料、電源等のオン・オフ）**、**清掃（リース資産の点検ルール・帳票の作り方、日常清掃、設備清掃・漏れ・温度対策）**、**デジタルトランスフォーメーション（DX）によるスモールオフィス化の検討**が必要です。

（9）カテゴリ9「輸送、配送（下流）」は、カテゴリ4「輸送、配送（上流）」と同じ、1回ごとの輸送距離、重量等の輸送手段を検討し、全社の合計値の削減が重要（整理・整頓）

　カテゴリ9の**活動量**は、**自社で製造した製品を販売した際に該当する「製品」「廃棄物」**の**出荷**や倉庫での**保管**などの際に発生する出荷物の**輸送重量**、（自社が荷主の輸送意向の）輸送距離を基に算定します。

　こちらはカテゴリ4「輸送、配送（上流）」と同様、算定範囲に注意が必要です。自社の業態によって異なります。
◎ **自社**の部品生産工場で製造し、販売先の工場で加工し、**最終製品購入者に輸送**される場合には**算定範囲**になります。
◎ 自社から販売先、最終製品購入者への輸送においては、「**他社輸送で荷主も他社（且つ販売先への輸送）**」のものが算定対象になります。
◎ それ以外は「自社が材料・部品生産工場を有する場合」同様に「Scope1」「Scope2」やカテゴリ4「輸送、配送（上流）」で算定します。
◎ 自社が販売店を有している場合には、算定範囲になります。

　原単位は、**輸送手段別の排出原単位**です。**トンキロ法、製品の種類・処理方法別排出原単位**があります。カテゴリ4「輸送、配送（上流）」と同じです。

カテゴリ９「輸送、配送（下流）」の計算式
計算式は、カテゴリ４「輸送、配送（上流）」を参照

　削減対策も、カテゴリ４「輸送、配送（上流）」と同じ、**整理・整頓（荷主目線で、配送先のドライバーの負担、アウトソースに対応）**による、**1回ごとの輸送距離、重量等の輸送手段の検討、全社で合計値の削減**が重要です。

（10）カテゴリ10「販売した製品の加工」は、製品の生産の規模、影響、外部からの要求等を考慮した検討が重要（整理、整頓）

　活動量は、販売した製品を別のバリューチェーン企業に販売（外注品）し、そこで**製品を加工する際に排出される委託生産（中間製品）相当量**から算定等を計上します。中間製品とは、その後加工されることで製品になる作りかけの状態の製品を指し、部品や部材などが該当します。**規模、影響、要求事項**から**除外も考慮**します。

　原単位は、**重量当たり原単位**です。IDEAv2: Inventory Database for Environmental Analysis V2.3（サプライチェーン温室効果ガス排出量算定用）も活用されています。

　カテゴリ10**「販売した製品の加工」**の排出量は、下記のように「**中間商品の販売量**」を元に、排出原単位を掛け合わせて計算します。

カテゴリ10「販売した製品の加工」の計算式			
カテゴリ10の排出量	活動量		排出原単位
販売した製品の加工量：CO_2排出量	中間商品の販売量（t）	×	中間商品の種別原単位

出典：環境省「サプライチェーン 排出量算定の考え方」

　削減対策は、**整理（基準・帳票、不用品判定と処分工程・表示）、整頓（材料・部品・完成品、仕掛品、不良品）、規模、影響、要求事項**からに**区分**して対応します。

（11）カテゴリ 11「販売した製品の使用」は、GHG 排出量の少ない
　　　製品の販売が重要（整理、清掃）

　カテゴリ 11 の活動量は、販売した製品を消費者が使用することで生じる**主要販売先の GHG 排出量情報**を用います。**製品の販売量**が該当します。

　例えば、VOC 回収装置の排出量、検査装置の排出量、解析装置排出量が挙げられます。

　建設業の場合、建物用途別の施工面積×建物用途別の単位面積当たりエネルギー使用量等で算定します。

　原単位は、**建設業の場合、エネルギー消費量原単位（面積原単位）**が該当し

カテゴリ 11「販売した製品の使用」の計算式						
カテゴリ 11 の排出量の算定方法	活動量					排出原単位
①製品がエネルー使用製品	想定生涯使用回数（燃料を使用する場合：回）	×	販売数（t）	1 回使用当りの燃料使用量（l）	×	排出原単位
	想定生涯使用回数（電気を使用する場合：回）	×	販売数（t）	1 回使用当りの電気使用量（kW）	×	排出原単位
	温室効果ガス排出（ガスを排出場合：t- ○○）	×		-	×	地球温暖化係数
②製品がエネルギー	燃料販売量（l）				×	排出原単位
③温室効果ガス発生を含むエネルー使用製品	製品当りの温室効果ガス含有量（g）	×	販売数（t）		×	排出原単位
④間接使用段階のエネルー製品	想定生涯使用回数（回） ×生涯使用排出率（%）	×	販売数（t）	1 回使用当りの燃料使用量（l）	×	排出原単位
	想定生涯使用回数（回）	×	販売数（t）	1 回使用当りの燃料使用量（l）	×	排出原単位
	温室効果ガス排出量（ガスを排出場合：t- ○○）	×		-	×	地球温暖化係数

出典：環境省「サプライチェーン排出量算定の考え方」

ます。**GHG 排出量の少ない製品の販売**です。業種により、カーボンフットプリントコミュニケーションプログラム基本データベース ver.1.01 などが考えられます。

　カテゴリ 11 の計算方法は、「**直接使用段階排出**」「**間接使用段階排出**」それぞれまた製品の種類によっても計算方法が異なります。

　「**直接使用段階排出**」は、**エネルギー製品の使用、製品がエネルギー、温室効果ガスを含む製品を使用時に発生する場合**に分けられます。

　「**間接使用段階排出**」の計算では、製品がどのように使用されるかを基本に計算され、**製品の「使用時間、使用条件、使用年数」**等を**予め設定して計算**します。

　削減対策は、販売品の直接・間接使用段階排出ですから、**整理（燃料、電源等のオン・オフ）、清掃（販売品の点検ルール・帳票の作り方、日常清掃、設備清掃・漏れ・温度対策）**が必要です。

（12）カテゴリ 12「販売した製品の廃棄」は、カテゴリ 1「購入した製品・サービス」と同じ、原材料から製品までの 3R の推進が重要（整理、整頓）

　カテゴリ 12「販売した製品の廃棄」の計算方法は、上流でご紹介したカテゴリ 5「事業から出る廃棄物」と同じ計算式になります。

　実際に計算する際にはこちらをご確認ください。

　参考：サプライチェーンを通じた温室効果ガス排出量算定に関する基本ガイドライン (ver.2.3)　p. II -43

カテゴリ 12「販売した製品の廃棄」の計算式			
カテゴリ 12 の排出量	活動量		排出原単位
製品の廃棄の CO2 排出量	廃棄物の量（t）	×	排出量原単位 「紙くず」「廃プラスチック類」リサイクル
合計	廃棄物の種類ごとに計算し、最後に合算します。 計算式はカテゴリ 5「事業から出る廃棄物」を参照		

出典：環境省「サプライチェーン 排出量算定の考え方」

　カテゴリ 12「販売した製品の廃棄」の算定に対する**削減対策**は、原材料から製品までの過程を、**整理（基準・帳票、不要品一層、不用品判定と処分工程・**

表示）、**整頓（材料・部品・完成品、仕掛品、不良品）に区分し、Reduce（リデュース）、Reuse（リユース）、Recycle（リサイクル）すること**です。

（13）カテゴリ 13「リース資産（下流）」は、カテゴリ 8「リース資産（上流）」と同じ、デジタルトランスフォーメーション（DX）によるスモールオフィス化の検討が重要（整理、清掃）

カテゴリ 13「リース資産（下流）」は、**カテゴリ 8「リース資産（上流）」と同様の式で計算**します。活動量は、自社が賃貸業者として所有している資産において発生した**リース資産金額を計上**します。

例えば、自社が貸し出しているオフィスの入居事業者が排出した二酸化炭素などです。

カテゴリ 8「リース資産（上流）」同様、「ファイナンス / 資本リース」と「オペレーティングリース」、「財務支配力」と「経営支配力」の判断基準で決定します。

原単位は、**資本財の価格当たり排出原単位**が該当します。

カテゴリ 13「リース資産（下流）」は、カテゴリ 8「リース資産（上流）」と同様に上記の式で計算します。

参考：サプライチェーンを通じた温室効果ガス排出量算定に関する基本ガイドライン (ver.2.3)　p. II -45

カテゴリ 13「リース資産（下流）」の計算式
計算式は、カテゴリ 8「リース資産（上流）」を参照

削減対策は、企業が賃借しているリース資産の稼働ですから、**整理（燃料、電源等のオン・オフ）、清掃（リース資産の点検ルール・帳票の作り方、日常清掃、設備清掃・漏れ・温度対策）、デジタルトランスフォーメーション（DX）化によるスモールオフィス化の検討**が必要です。

（14）カテゴリ 14「フランチャイズ」は、フランチャイズ加盟店の各種エネルギー使用量の削減が重要（整理）

カテゴリ 14 は「自社主宰の**フランチャイズへの加盟社**における **Scope1・2 の各種設備のエネルギー使用量**」が該当します（フランチャイズを主宰して

いない企業は対象になりません）。

　排出原単位は、自社が大元となっているフランチャイズの加盟店における、Scope1 と Scope2 の**エネルギー種別の排出原単位**です。全店舗が対象となります。

　実際の計算は、「サプライチェーンを通じた温室効果ガス排出量算定に関する基本ガイドライン (ver.2.3)」p. Ⅱ -47 を参考にしてください。

カテゴリ 14「フランチャイズ」の計算式

フランチャイズ加盟社における Scope1・2 の各種設備のエネルギー使用量の合計
計算式は、Scope1・2 の計算式を参照

　削減対策は、カテゴリ 3、**Scope1・2 と同じ**で、**整理（燃料、電源等のオン・オフ）**による、購入した燃料、電力、熱の消費量に電気、蒸気の**使用量の削減**です。

（15）カテゴリ 15「投資」は、投資先プロジェクトの生涯稼動時における各種エネルギー使用量の削減が重要（整理）

　活動量は、「**株式投資に関する算定**」と「**プロジェクトファイナンスに関する算定**」があります。カテゴリ 15 の算定範囲は、下記のようなものが該当します。
◎ 株式投資、債券投資、プロジェクトファイナンス の運用による排出量
◎ なおかつ「Scope1」「Scope2」に含まれないもの

　「**株式投資に関する算定**」では、活動量は、**株式保有株数**です。排出原単位は、**投資先の 1 株当たり排出原単位（投資先の年間 Scope1・2 排出量 / 投資先の総発行株数）**です。

　「**プロジェクトファイナンスに関する算定**」では、活動量は、**投資先プロジェクトの生涯稼動時の各種エネルギー使用量**です。排出原単位は、**エネルギー種別の排出原単位**です。

　環境に配慮した投資先ほど、排出原価が安い傾向にあります。※プロジェクトファイナンスは投資した年にプロジェクト期間中の排出量のうち投資割合分を一括で計上します。

　実際の計算方法：カテゴリ 15「投資」の算定方法は、「**各金融投資の種類ご**

とに」「**各投資を計算して」合算**します。

カテゴリ 15「投資」の計算式			
カテゴリ 15 の排出量	活動量		排出原単位
株式投資の CO_2 排出量	株式投資先の CO_2 排出量 （t-co2）	×	株式保有割合（％）
債券投資の CO_2 排出量	債券投資先の CO_2 排出量 （t-co2）	×	投資先の総資本に対する債権保有割合（％）
プロジェクトファイナンスにおける CO_2 排出量	プロジェクトの CO_2 排出量 （t-co2）	×	プロジェクト出資額の割合（％）
（任意）管理投資および顧客サービスの CO_2 排出量	自社の Scope1・2 の CO_2 排出量（t-co2）	×	業務全体に対する該当顧客の割合（％）
合計	株式投資の CO_2 排出量＋債券投資の CO_2 排出量＋プロジェクトファイナンスにおける CO_2 排出量＋（任意）管理投資および顧客サービスの CO_2 排出量		

出典：環境省「サプライチェーン 排出量算定の考え方」

　削減対策は、カテゴリ 3、15、**Scope1・2 と同じ**で、**整理（燃料、電源等のオン・オフ）**による、購入した燃料、電力、熱の消費量に電気、蒸気の**使用量の削減**です。

（16）その他とは、従業員や消費者の日常生活の GHG 排出量の削減（整理、清掃、清潔）

　本カテゴリは、企業活動に何らかの関係を持つカテゴリ 1 から 15 では範囲となっていない排出を自由に算定・情報提供するためのカテゴリです。このカテゴリには、以下のようなものが考えられます。

◎ 従業員や消費者の家庭での日常生活における排出

◎ 組織に含まれない資産の使用に伴う排出

◎ 会議、イベントへの外部の参加者の交通機関からの排出　など

　実際に計算する際には、「サプライチェーンを通じた温室効果ガス排出量算定に関する基本ガイドライン（ver.2.3）」p. II -52 をご確認ください。

カテゴリ 16「その他」の計算式

排出の内容によって計算式は異なります。例えば従業員や消費者の家庭での日常生活における排出は、活動量を把握することは現実的に困難と考えられますので、環境省作成の環境家計簿などより拡大推計を行うことで把握します。

削減対策は、**整理（燃料、電源等のオン・オフ）、清掃（設備点検のルール・帳票の作り方、一斉清掃・日常清掃、設備清掃・漏れ・温度対策）で、清潔（ピカピカ作戦、清潔な環境の進め方）**考えられます。

5

Scope3（経営改善につながる）の取り組み方【技術管理者対象】

［Ⅲ. 専門応用・課題解決編］

第6章

Scope1・2・3の削減対策の取り組み方

【技術管理者対象】

6.1 温室効果ガスとコストの削減実施のための6つのフェーズ（請求書、エネルギー使用量チェックシート、エネルギー管理表、5M+1E、5S活動の強化が基本）

STEP1〜2	① Scope1・2の電気、ガスなどの削減対策は、2.2の請求書、3.5のエネルギー使用量チェックシートの活用による運用改善と投資改善から始める
STEP1〜2	② Scope1・2の重油などの運用改善は、3.5のエネルギー使用量チェックシートの活用と5M+1Eによるコスト削減と温室効果ガス排出量の削減を検討する
STEP1〜2	③ Scope1・2の投資改善は、2.2のエネルギー管理表から、既設設備の改善、設備の入れ替え・新設・増設から生産性と脱炭素化の補助金を検討する
STEP3	④ Scope1・2の創エネとコスト削減は、4.5のバーチャルPPAによる非化石証書の取引の移行が経済的
STEP4	⑤ Scope3の削減対策は、5S活動の強化、サプライチェーン内のマテリアルフローはビジネスモデルの見直し、エネルギーフローは設備構成、運用法の最適化から始める
STEP4	⑥ 削減対策の結果は、技術管理者による精査と計画で、経営に向けた投資環境、目標設定、ビジネスチャンスを検討する

6.2 （STEP1〜2）コスト削減策としての温室効果ガス排出削減は、請求書の分析が基本

（1）Scope1・2　第3次産業は、請求書、エネルギー使用量チェックシートから、経営者がサービスの改善項目、施設の運用改善項目と投資改善項目を把握してコスト削減

サービスの改善には以下が考えられます。

◎ 環境配慮型商品の開発・販売

◎ ばら売り・量り売り等の実施

◎ レジ袋の削減（無料配布の中止、インセンティブ付与）

◎ 簡易包装の実施

◎ 再生トレーの使用、環境配慮型商品（再生紙使用商品、LED 等）の開発・販売

業務用施設の改善には以下が考えられます。

業務用施設の改善 （請求書、エネルギー使用量チェックシートの確認後に実施）		
設備	運用改善（時間帯の変更）	投資改善 （再エネ賦課金、燃料調整費）
空調・換気	・空調設定温度の適正化 ・外気導入量の削減 ・外気冷房の実施 ・ファン、ポンプの設置済インバータ活用 ・冷温水、冷却水温度の適正化 ・室外機フィン・室内機フィルター清掃 ・吸収式冷温水機の燃焼空気比改善 ・待機電力削減（空調不使用期電源断）等	・AHU ファン・換気ファン等へのインバータ導入 ・冷温水循環ポンプ等へのインバータ導入 ・空調熱源機の高効率機器への更新 ・空調管理システムの導入 ・開口部へのカーテン設置、間仕切り設置 等 ・室外機日射遮蔽対策 等
照明	・不要照明の消灯（不在時、窓際等） ・天井照明の間引き	・タスクアンビエント照明、人感センサー照明の導入 ・LED 照明・LED 誘導灯への更新
ボイラー・給湯	・ボイラー空気比の改善 ・蒸気・給湯温度の緩和	・タンク等の保温強化 ・浴場、温水プールの放熱対策

	・加熱器の運転時間の短縮 等	・浴槽容量の縮小 ・高効率ボイラー / エコキュートへの 更新 等
受変電設備・デマンド管理	・デマンド監視装置の活用（可視化）	・トップランナー変圧器への更新 ・変圧器の負荷統合 ・力率改善 ・デマンド監視制御装置の導入 等
給排水その他	・水栓類の節水 ・自販機更新 ・OA 機器の待機時消費電力低減 等	・節水シャワーヘッドの採用 ・トイレ擬音装置の導入

出典：（一財）省エネルギーセンター「省エネルギー診断の概要と主な提案項目」

（2）Scope1・2　運輸業の運用改善は、経営者が請求書から運行3費（燃料・タイヤ・修理費）の低減。投資改善は、次世代トラック導入等、輸送の効率化でコスト削減

運輸業の脱炭素とコスト削減の方法は、**経営者が請求書**から以下の3点を注意・指導してください。

① 運行3費（燃料・タイヤ・修理費）の低減
② 社内業務の効率化（運行管理システムの導入）
③ 輸送の効率化

経営者の**経営方針**や**事業者の課題**から以下の事例を参考に**運用改善と投資改善に分けて採用**することです。

運輸業の運用改善		
行動メニュー（運用改善）	業界団体の取り組み	事業者の取り組み
エコドライブの推進	・エコドライブ推進マニュアル等の整備 ・エコドライブに係る講習会等の開催 ・エコタイヤの導入に係る支援	・エコドライブに関する社内教育・講習会等への参加 ・エコタイヤの導入
アイドリング・ストップの推進	・アイドリング・ストップ支援機器に係る情報提供 ・アイドリング・ストップ支援機器の導入に係る支援	・アイドリング・ストップの実施 ・アイドリング・ストップ支援機器の導入

| 整備点検の徹底 | ・適正な点検整備による CO2 削減効果の周知 | ・タイヤ空気圧など整備点検の徹底 |

運輸業の投資改善		
行動メニュー（投資改善）	業界団体の取り組み	事業者の取り組み
環境性能に優れた次世代トラックの導入	・次世代トラックに係る情報提供 ・次世代トラックの導入に係る支援 ・メーカー・国に対する次世代トラック開発と導入支援の働きかけ	・環境性能に優れた次世代トラックの導入
EMS（エコドライブ管理システム）関連機器の導入	・EMS 関連機器に係る情報提供 ・EMS 関連機器の導入に係る支援	・EMS 関連機器の導入と運行管理
輸送の効率化の推進	・輸送の効率化に係る情報提供 ・求荷求車情報ネットワーク「Web KIT」の周知	・保有車両の大型化・トレーラ化 ・共同輸配送の実施 ・求荷求車情報ネットワーク「Web KIT」の活用による実車率および積載効率の向上 ・荷量の集約化、輸送機材に低床ウイングトレーラーを採用することで、積載率の向上を考慮した省エネ取り組みの促進 ・鉄道コンテナ輸送等によるモーダルシフトの推進 ・包装資材の簡素化・リターナブル化、ドローン物流 ・輸送、保管、荷さばき、流通加工等の一体化、運輸網の集約、共同配送の推進 ・車両自動化

出典：トラック運送業界の環境ビジョン 2030

（3）Scope1・2　製造業は、経営者が長期的なエネルギー転換の方針を作成から、継続的な温室効果ガスとコストの削減を計画する

経営者が作成するエネルギー転換方針は、定量的に把握します。

◎ 想定される温室効果ガス削減量（t-CO2 ／年）→ **時間変動も把握する**

◎ 想定される投資金額（円）→ 設備の新規導入、既存設備の改善 → **補助金の活用**

◎ 想定される光熱費・燃料費の管理費の増減（円 / 年）と**利益の関連性を把握**
　このエネルギー転換方針を基本に、**技術管理者が削減計画を作成**します（**下例参照、削減計画①〜④については後に説明)**)。

◎ 各削減対策の実施時期を計画（**運用改善、投資改善**）し、2030 年までのロードマップ化したコスト削減計画策定

◎ 各年の温室効果ガス排出量（実施したエネルギーの各 CO2 削減対策による総和）を段階的に削減

◎ 各年のキャッシュフローへの影響（実施した各削減対策の総和と利益の関連性）を集計し、まとめ、**Scope3 による温室効果ガスの継続的な削減を図る**

温室効果ガス削減計画例										
削減計画	計画実施年	計画期間（年）								
		2023	2024	2025	2026	2027	2028	2029	2030	2031
削減計画①（省エネ：運用改善・投資改善）	2023年	省エネの実施 →								
削減計画②（再エネ電力への切替）	2024年		既設設備切替 CO2 段階的削減　省エネ・創エネ実施 →							
削減計画③（設備更新：投資改善）	2026年		工事 →		再生可能エネルギー設備の新設・創エネ実施 →					
削減計画④（Scope3 による継続的削減）	2026年				エネルギー、マテリアルの削減実施 →					

（4）削減計画①の省エネによるコスト削減の具体例

　最初に始める省エネの運用改善と投資改善で大幅なコスト削減が可能となります。具体例は以下のとおりです。

省エネ（運用改善・投資改善）によるコスト削減		
	主な省エネ対策	省エネによるコスト削減の具体的内容
運用改善	空調の設定温度の適正化	空調の ON/OFF ルールを定め、室内温度を1℃緩和することで、約10%の省エネとなります
	室外機のフィンの清掃	空気室外機の置き場所、サーキュレーターの導入で温度設定の見直しで省エネになります。 汚れがひどい場合、フィンの清掃を行うと、約5%の省エネになります。
	外気導入量の削減	既設に応じて、空調の換気設定を変更する、換気扇の常温使用を見直すことで、省エネになります。 CO2濃度、湿度、臭気等に問題がない範囲で換気回数や換気量を減らすことで、省エネになります。
	不要時の消灯・間引き	人感センサーの導入により、点灯時間が削減され、省エネになります。 JIS の照度基準に適合するよう、消灯・間引きすると省エネになります。
	コンプレッサーの吐出圧力の適正化	高い圧力を必要としない系統は、コンプレッサーは吐出圧力を下げることで省エネになります。
	空気配管等のエア漏れ対策	定期的なエア漏れチェックと漏れ対策を実施することで、コンプレッサーの電力消費量を削減できます。
投資改善	ポンプ・ファンのインバータ化	流量が過剰な状態で運転しているポンプにインバータを取り付けて、必要水量だけ流れるようモータの回転数を制御することで、省エネになります。
	LED 照明への更新	白熱灯や蛍光灯等を、高効率の LED 照明に更新すると、省エネになります。電力消費量を約50%から90%も削減できます。
	日射不可対策	遮断フィルム・ブラインドの設置等による直射日光の遮断、窓の改修による空調負荷を低減することで、省エネになります。
	OA 機器の節電	パソコン、複合機・コピー機、サーバーの排熱対策で省エネになります。
	高効率変圧器への更新	一般的に変圧器は常時運転され、かつ使用期間が25年を超える機器を最新の高効率変圧器に更新すると、省エネになります
	力率の改善	一般に力率が85%を下回る場合は割増になります。従って、専用のコンデンサの設置等により力率を改善すれば、電気料金を削減できます。

デマンド監視装置の活用	デマンド監視装置の記録等を活用し、電力需要をグラフ化、分析し、消費電力を抑制することで、電気料金を削減できます。
空調の設備更新	空調機は 15 年前の定速型空調機に比べ、最新のインバータ式空調機は 50％近い、省エネになります。 個別方式、中央方式等を把握し、計画的に更新することで省エネになります。
熱源設備	ヒートポンプの導入により、燃料調達と供給、ボイラーの検査と点検が抑えられ、省エネになります。

出典：関東経済産業局「省エネの進め方と現場で役立つ着眼点」

(5) Scope2 電力のコスト削減は、技術管理者による電気使用料金・託送料金の削減による投資改善と、部門別管理者による作業時間帯の変更の検討が基本

　部門別管理者が**作業時間の検討後、技術管理者**は、**一般的な電気料金**（＝ **電気使用料金＋再エネ賦課金＋燃料調整費＋託送料金**）の**投資改善**を**検討**する

　現況の電気料金は、**再エネ賦課金、燃料調整費**が電気量料金に上乗せ徴収され［→ 2.2（4）（電気使用量請求書）］、今後の上昇が課題です。2022 年に、FIT 制度（**固定価格買取制度**）から **FIP 制度**（**市場連動・プレミアム型**）に**移行**したため、**燃料調整費**の上昇が懸念されます。

　再エネ賦課金は、**FIP 制度**でも**小売電気事業者を介さない自家発電や自己託送した PPA は、電気事業に該当せず**、賦課金の徴収対象外です。

　託送料金は、送電時に利用する送配電網の利用料金を送配電事業者が設定し、**小売電気事業者が電気料金に転嫁**され、最終的には電気利用者が負担します。したがって、**自家敷地内で自家発電して自家消費**する場合は、**託送料金**も**不要**となります。

(6) Scope2 電力のコスト削減（作業時間の検討）は、部門別管理者が時間帯による電力使用状況を測定する機器（スマートメーター等）を用意することから始める

　電力コスト削減は、**部門別管理者がいつ、どこで、どんなエネルギーをどれだけ使っているか**、詳しく調べます。

　時間帯による使用状況を測定する機器は、いろいろな**スマートメーター等**（**デマンド監視装置**）があります。購入しなくてもリースの可能な機種もあり、**利用目的**、**予算等**に合わせて、下記のデマンド監視装置を**部門別管理者が検討**

します。

電力使用状況測定機器	
スマートメーター等	測定機器の特徴
小型消費電力計	・コンセントにさして、パソコン等の消費電力を測定できる。 ・タイプにより、電圧・電力・力率などの測定もできる。
簡易のエネルギーモニター装置	・複数の電気回路を同時測定できる。 ・データを保存できるため、エネルギー分析に便利である。
デマンド監視装置	・受電設備に設置して、建物全体の電力を測定できる。 ・最大需要電力を監視し、基本料金低減に活用できる。

（7）Scope2 電力のコスト削減は、技術管理者がエネルギー使用量チェックシートを活用し、デマンド監視装置で建物全体の一日の電力使用量を調べ、削減対策を検討する

　部門別管理者が、デマンド監視装置を使い、**1 日の電力のエネルギー使用量チェックシートを活用**し、**時間別にグラフにすることで電力削減計画を作成**します。

　技術管理者がどの時間帯に、電気が特に多く使われているか。**操業（営業）していない時間帯**に、エネルギーを無駄に使っていないかを調べ、**請求書等で使用量を抑えたコスト削減を検討**します。

① エネルギーが特に多く使われている時間帯に、**力率の改善で設備をより効率的な利用ができないか**、検討します。

② 始業前・昼食時・終業後の時間帯に**不要なエネルギーを使っていないか。対策を考えます**。（下図事例①から⑥が電力削減計画の検討内容です。）

③ 契約電力は、**30 分単位の平均電力の最大値（最大需要電力：デマンド値）**で決まります。

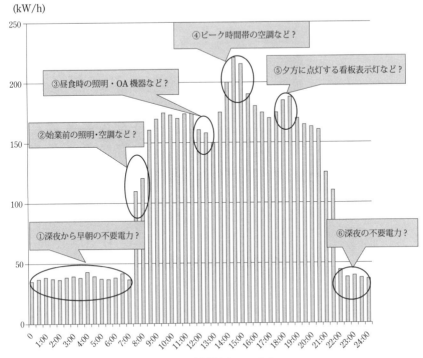

1 日の電気使用量の推移（イメージ）

(kW/h)

- ④ピーク時間帯の空調など？
- ⑤夕方に点灯する看板表示灯など？
- ③昼食時の照明・OA機器など？
- ②始業前の照明・空調など？
- ①深夜から早朝の不要電力？
- ⑥深夜の不要電力？

※参考：1 日の電気使用量は無料ソフトが公開されています。

(8) Scope1・2　中小製造業は、部門別管理者の運用改善と技術管理者の投資改善（既存設備の改善）だけでも十分なコスト削減が可能

　省エネ法による規制のもと、エネルギー多消費事業者の省エネ活動は既に相当程度進展しましたが、**中小製造業**については、**全体として経済的に合理的な範囲で 10％前後の省エネの余地**があります。**技術管理者**や**部門別管理者の既存設備の改善**に対する**知見・ノウハウや人材の不足等が課題**で、改善が進んでいないのが**課題**です。**対策を実施すべき**です

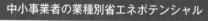

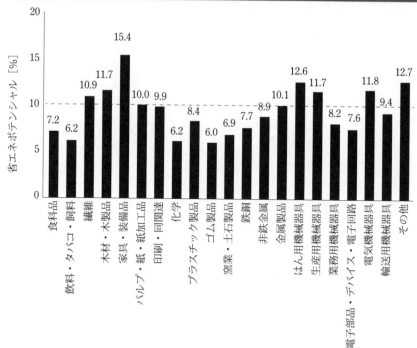

中小事業者の業種別省エネポテンシャル

出典：（一財）省エネルギーセンター「省エネルギー診断の概要と主な提案項目」

　一般的な工場の消費電力の内訳は、**生産設備が 81%、空調 11%、照明 8%** となっています。**生産設備の消費電力を減らすのが一番**です。（参考：資源エネルギー庁 HP）

（9）製造業の Scope1・2 のコスト削減は、部門別管理者が請求書とエネルギー使用量チェックシート、エネルギー管理表から「時間的な使用量」「季節的な使用量」「月別エネルギー別使用量」を洗い出して温室効果ガス排出量・エネルギー使用量を可視化するだけで可能

　自社のコスト削減計画は、**部門別管理者**が、**請求書とエネルギー使用量チェックシート**から、第 2 章で説明した**電気や LNG 等のエネルギー**の**購入量**、**工程ごとのエネルギーの使用量を把握**することが重要です。

　例えば、1 日の時間別電気使用状況の時間ごとの使用量を把握します。

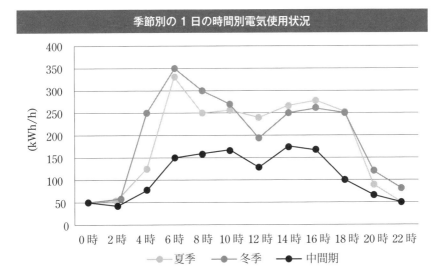

季節別の 1 日の時間別電気使用状況

夏季と冬季では、電気使用状況が異なりますから、春、秋の中間期の使用量も把握してグラフに落とし込むのも、よいでしょう。

購入電気使用量も他のエネルギーとの割合を月別に把握しておきます。

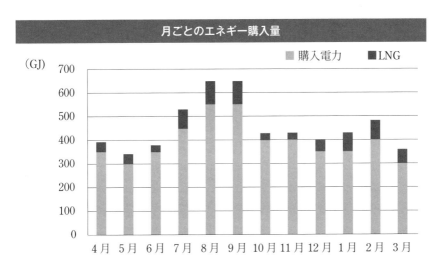

月ごとのエネギー購入量

部門別管理者は、**エネルギー管理表** ［→ 2.2 （9）（エネルギー管理表）］を使って簡単に**エネルギー使用量**、**CO2 排出量**を算定し、省エネとコスト削減を行います。

（10）部門別管理者による削減計画①（省エネ）、技術管理者による削減計画③（設備更新）のコスト削減の具体例

　部門別管理者、技術管理者がエネルギー使用量チェックシート、エネルギー管理表を使用して生産設備の切替・新設で省エネ・コスト削減対策が図れます。

省エネによるコスト削減具体例		
		切替・新設による省エネとコスト削減対策
運用ルール（運用改善）	起動時	・電力需要の標準化、ピーク電力抑制を意識して、起動時の立ち上がり時間を機器ごとに把握すること
	稼働時	・設備機器の定格電力に応じた、省エネを意識した運転と時間当たりの定格電力料金を可視化すること ・洗浄等の水の使用量と供給温度の削減を検討のこと
	非操業時・非稼働時	・可能な限り、再起動時の起電力、再起動頻度を考慮して設備の電源を停止すること ・保全や保安上からユーティリティ設備の供給停止を考慮のこと
	放熱対策	・ジャケットを装着し、放熱損失を抑えること
	コンプレッサーのムダ削減	・接続部の締め増し、劣化部品の交換等、非生産時のエア停止、エア漏れの改善 ・コンプレッサーの最大供給能力と最大に使用流量の適正化 ・減圧弁の有無等をチェックして、吐出圧力の適正化 ・アンロード運転（待機状態）でのコンプレッサーの停止
	ボイラー設定	・蒸気トラップの点検保守、配管系の断熱の強化、蒸気の不要な系統のバルブを閉める ・設定圧力の適正化による設定圧力の低下によるコスト削減 ・ボイラー基準空気比による適正な空気比の管理、給水温度、ブロー量と水質の管理
設備更新（投資改善）	ファン・ポンプのインバータ化	・モーターの回転数と駆動力（トルク）を制御するインバータを設置し、周波数を下げ、ポンプの回転数を下げることで消費電量を低減すること
	冷凍・冷蔵設備の更新	・冷凍・冷蔵設備は24時間、365日連続運転のため、高効率型に更新することによる省エネ計画の推進
	乾燥機の共用化	・成型機2台に対する乾燥機1台を使用できるように乾燥機を共有して使用できる検討する
	油圧駆動型から電気駆動型に更新	・工作機械、プレス機械、射出成型機等を油圧駆動型から電気駆動型に更新することで、省エネ効果とCO2削減、コスト削減の検討
	変圧器の統合	・変圧器の容量・電力損失を見直して、統合化を図る

ボイラー設定	・エコノマイザーを導入による排ガスの熱回収 ・小型ボイラーの多缶設置による台数制御

（11）製造業の Scope1・2 の脱炭素化とコスト削減は、「5M ＋ 1E」による不良率削減と作業の平準化から始める

　製造業の脱炭素化は、環境負荷低減とともに、作業の効率化を進め、生産性の向上を図ることです。それは**既存の生産システムの延長線上から****コスト削減を検討**し、すぐに始められる**運用改善から進めます**。

　例えば、運用改善は、**リードタイムの短縮や****在庫数の削減**による生産改善にも効果が得られます。高効率機器への更新や導入は、**不良率の削減等の品質改善、生産変動への対応した作業量の平準化**があります。

　生産性の向上は、**不良率の削減**を推進することです。不良が発生する要因として、「**5M ＋ 1E**」という用語があります。「**5M ＋ 1E**」で、**不良要因の改善**を行います。

　　Man：人
　　Machine：機械・設備
　　Method：方法
　　Material：原料・材料
　　Measurement：測定・検査
　　Environment：環境

　不良が発生している原因を、**次表の「5M ＋ 1E」を用いて改善を提案**します。ある一つの工程で不良が多く発生していれば、その工程で発生する不良率を下げる「5M ＋ 1E」のどの要因が、全体の不良率が低下する可能性は大きいと分析します。

　また、生産性の向上は、**全ての部門で作業の平準化**を図ることです。省エネの観点から、生産やサービスの手法を見直します。「5M ＋ 1E」で、**生産ラインの合理化**や**サービス提供の平準化**を図ることで、**エネルギー使用量の削減**と**生産性の向上**を両立できます。

生産ラインの合理化

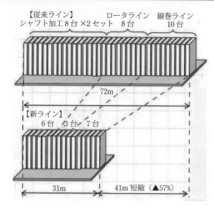

出典：関東経済産業局「関東経済局におけるカーボンニュートラルの実現に向けた取組について」

「5M＋1E」による不良率削減と作業の平準化	
5M+1E	生産性向上につながる可視化（運用改善）内容
Man （人）	・**生産管理板**で各工程の状況と**時間当たりの生産量とエネルギー使用量**を**可視化**します。 ・**標準作業票（動線図）**で手順や人員配置などの最適化を検討し、さらには、**標準作業組合せ票**で、各工程と全行程の**客観的に作業時間を数値管理**します。
Machine （機械・設備）	・**標準作業組合せ票**で、**全体の材料から製品**まで**人と機械の生産過程を数値化**します。 ・「**機械の共有**」「**U字型レイアウト**」等で、人が工程の上流から下流まで"**モノ（材料・部品・中間加工品、製品等）**"を**効率的に作業できるか**を確認します。 ・"モノ"が滞っているポイントを見つけたら、その原因を「**作業ステップの内容分析**」で作業、運搬、停滞、検査の時間を計測し、**ムダ取り等でリードタイムを改善**します。
Method （方法）	**整理・整頓・清掃・清潔・しつけ**の「**5S**」で製造現場の生産を効率化します。 ・動作の改善：各作業を**標準作業組合せ票**で、動作に無駄がないかをチェックします。 ・工程の改善：**標準作業票（動線図）**でボトルネックを探し、**リードタイムを短縮**します。 ・段取りの効率化：**変化点管理項目一覧表**を作成し、止めなければならない「**内段取り替え**」から、**なぜなぜ分析**で止めずに転換できる「**外段取り替え**」に段取り替えの流れを見直します。 ・設備レイアウトの改善：**標準作業票（動線図）**で、各工程における動作や各作業員の導線を**可視化**し、生産体制のレイアウトを最適化します。

Material （原料・材料）	**標準作業組合せ票と、VE、VA から「材料歩留まり」「タクトタイム」による、直行率を向上させ、リードタイム改善結果を生産管理板で管理します。** ・**直行率：投入数に対して 1 回で良品になった割合（%）** ・**良品率：投入数に対して次工程に流れる良品の割合（%）手直しで良品として復活**
Measurement （測定・検査）	材料や半製品の受入検査と工程内検査に分けます。各工程の材料、半製品、製品において**何を（どこを）検査**するのか、**全数検査**か、**抜取検査**かを、「**作業ステップの内容分析**」により、**加工時間＋停滞時間、完成品が出来上がるまでの時間**から、**検査方法・基準を見直し**ます。 ・検査方法の明確化：どの箇所をどのように見るのかを個人任せにせず、**要素作業の標準書を作成し、自工程完結の工程にて品質を造り込みます。** ・検査環境の整備：照明の明るさや照明が当たる角度等の作業環境を向上させます。**7 つのムダを最小化して、正味作業時間＋不随作業のみとした、検査作業を簡素化します。** ・限度見本の活用とポカヨケ：限度見本や限度サンプルを用意しておき、それと検査対象を比較することで判断しやすくします。**要素作業の標準書どおりの良否判定が簡単にできるように**ポカヨケ教育を行います。
Environment （環境）	温度や湿度など**作業現場環境のそのものの見直し、作業域と通路の明確化、所番地の明確化、もの置き方**等から、現場の整理整頓の状態を確認します。

6.3 （STEP1 〜 2）排出量の可視化・使用エネルギー量の管理は、補助金で IT を導入する

（1）経済産業省の排出量の見える化・使用エネルギー量の管理を行う排出量算定ツール、エネルギーマネジメントシステムの導入、生産性向上に資する取り組み：IT 導入補助金

　労働生産性向上を目的としますが、通常型、セキュリティ対策、デジタル化基盤導入型があります。

IT 導入補助金		
対象	要件	補助額（補助率・補助限度額）
◎ 中小企業・小規模事業者等であること ◎ 補助事業を実施することによる労働生産性の伸び率の向上について、1 年後の伸び率が 3% 以上、3 年後の伸び率が 9% 以上及びこれらと同等以上の、数値目標を作成すること	◎ 排出量の見える化・使用エネルギー量の管理を行う排出量算定ツールやエネルギーマネジメントシステムの導入などの、生産性向上に資する取り組み	① 通常補助上限額　補助率 1/2 以内 ・A 類型：150 万円 ・B 類型：450 万円 ② セキュリティ対策　補助率 1/2 以内　5 万円〜 100 万円 ③ デジタル化基盤導入類型 ・補助率 3/4 以内 〜 50 万円 ・補助率 2/3 以内　50 〜 350 万円

（令和 5 年度現在）

（2）中小企業の IT 導入による生産性向上と事業継続の支援補助金：炭素生産性の向上（ものづくり・商業・サービス補助金のグリーン枠の活用）

　小規模事業者の持続化、経営支援を目的とします。生産性向上とインボイス制度型があります。

ものづくり補助金のグリーン枠		
対象	要件	補助額（補助率・補助限度額）
◎ 小規模事業者持続的発展支援事業（持続化補助金） ◎ 小規模事業者が経営計画を作成して取り組む販路開拓等に加え、以下の環境変化に関する取り組みを支援。 ・賃上げや事業規模の拡大（成長・分配強化枠） ・創業や後継ぎ候補者の新たな取り組み（新陳代謝枠） ・インボイス発行事業者への転換（インボイス枠）	◎ ものづくり・商業・サービス生産性向上促進事業により、事業終了後 4 年以内に、以下の達成を目指す。 ・補助事業者全体の付加価値額が年率平均 3% 以上向上 ・補助事業者全体の給与支給総額が年率平均 1.5% 以上向上 ・付加価値額年率平均 3% 以上向上及び給与支給総額年率平均 1.5% 以上向上の目標を達成している事業者割合 65% 以上 ◎ 小規模事業者持続的発展支援事業により、事業終了後 1 年で、販路開拓につながった事業者の割合を 80% とすることを目指す。 ※事業承継・引継ぎ支援事業により、令和 4 年度末までに約 1,500 者の中小企業者等の円滑な事業承継・事業引継ぎを支援します。（以降は未定）	◎ サービス等生産性向上 IT 導入支援事業（IT 導入補助金） ◎ IT ツール※補助額：〜 50 万円（補助率：3/4）、50 〜 350 万円（補助率 2/3） ◎ 会計ソフト、受発注システム、決済ソフト等 ◎ PC、タブレット等補助上限：10 万円（補助率：1/2）、 ◎ レジ補助上限額：20 万円（補助率：1/2） ◎ インボイス制度への対応も見据え、クラウド利用料を 2 年分まとめて補助するなど、企業 間取引のデジタル化を強力に推進します。 ◎ 事業承継・引継ぎ支援事業（事業承継・引継ぎ補助金）補助上限：150 万円〜 600 万円、補助率：1/2 〜 2/3 ※事業承継・引継ぎ後の設備投資等の新たな取り組みや、事業引継ぎ時の専門家活用費 用等を支援します。また、事業承継・引継ぎに関連する廃業費用等についても支援します。

（令和 5 年度現在）

6.4 （STEP1 〜 2）【削減計画①②】既存設備の運用改善は、エネルギー管理表でカーボンニュートラルに取り組む ［→ 6.2（3）（削減計画）］

（1）既存設備の温室効果ガス削減対策は、部門別管理者がエネルギー使用量チェックシートから、設備の稼働状態等を洗い出し、コスト削減計画（運用改善と投資改善）を検討する

既存設備の温室効果ガス削減対策は、洗い出しによる削減対策です。**部門別管理者**が**エネルギー使用量チェックシート**から、**既存設備における稼働状態の把握や最適化、エネルギーロスの低減**といった、細かい「**エネルギーフローの見直しによる省エネ対策**」と、「**マテリアルフローの見直し**」をする、**廃棄物・リサイクルの数量対策**が、中心となります。

細かい省エネ対策は、たとえば空調機のフィルターの清掃や、窓の断熱性の向上、LED 照明の導入といった運用改善も含まれます。

（2）既存設備の改善は、部門別管理者が施設の費用割合から空調・換気設備、照明、ボイラー・給湯設備、受変電設備の順で運用改善を行う

既存設備の費用割合は以下に示すとおりです。割合が大きな設備から運用改善を行うと効果的です。

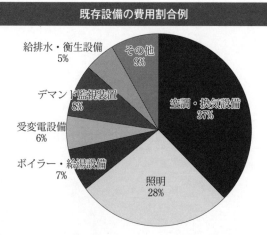

既存設備の費用割合例

部門管理者が実施する運用改善内容は、以下の内容が挙げられます。

「5M＋1E」による不良率削減と作業の平準化	
設備	運用改善
空調・換気設備	・空調設定温度の適正化 ・外気導入量の削減 ・外気冷房の実施 ・ファン、ポンプの設置済インバータ活用 ・冷温水、冷却水温度の適正化 ・室外機フィン・室内機フィルター清掃 ・吸収式冷温水機の燃焼空気比改善 ・待機電力削減（空調不使用期電源断）等
照明	・不要照明の消灯（不在時、窓際等） ・天井照明の間引き
ボイラー・給湯設備	・ボイラー空気比の改善 ・蒸気・給湯温度の緩和 ・加熱器の運転時間の短縮 等
受変電設備・デマンド監視装置	・デマンド監視装置の活用（可視化）
給排水設備・その他	・水栓類の節水 ・自販機更新 ・OA 機器の待機時消費電力低減 等

（3）製造業における既存設備の投資改善は、技術管理者が発生熱量から ボイラー、工業炉、コンプレッサ・ファン・ポンプ、動力・搬送設 備等の排熱の再利用から始める

　一般的な製造業では、下図のように**生産設備に関わる消費エネルギーが大半を占めており、全体の 86.2%を熱消費が占めて**います。

　電力を除く、**技術管理者が実施**する**主な投資改善**は、**ボイラー、工業炉、コンプレッサ、ファン・ポンプ、動力・搬送設備、キュービクル・変圧器、空調、照明**の順で**排熱の再利用**を行います。

機器別の電力消費量と電熱比例

電力：1,288,088 TJ
（糸統電力 951,006 TJ）
（自家発電 337,082 TJ）

熱：8,042,146 TJ

出典：富士経済グループプレスリリース第 17117 号
「産業施設におけるエネルギー消費実態を調査」

　工場の運用改善と投資改善の項目を下表にまとめました。

工場の運用改善と投資改善例

設備別提案項目（工場）

設備	運用改善	投資改善
照明	昼休みの消灯・点灯時間の見直し	LED 照明、LED 誘導灯への更新
空調・換気・冷凍冷蔵設備	設備温度の適正化	高効率機器への更新
	室外機フィン・室内機フィルタの清掃	換気ファン・冷却水ポンプ等へのインバータ導入
	冷凍庫の扉開放による冷気漏出防止	屋根等の遮熱化
	冷水、冷却水温度の引き下げ	冬季外気冷房の活用
	非作業時の外気導入量低減	冷凍ショーケースのナイトカバー導入
	チラー、ブラインクーラーの膨張弁調整	開口部へのエアシャッター導入
	稼働台数・待機電力の削減　等	冷却水の井水利用　等
コンプレッサ	エアーコンプレッサの吐出圧低減	インバータコンプレッサの導入、台数制御
	エア配管等の漏れ防止	エアーブローの風量低減（パルス制御下等）
	稼働台数の適正化　等	コンプレッサ吸気温度の低減　等
	ボイラー、工業炉等の燃焼装置の空気比改善	ポンプ、ファンのインバータ化

6.4 （STEP1〜2）【削減計画①②】既存設備の運用改善は、エネルギー管理表でカーボンニュートラルに取り組む

生産設備・ボイラー・工業炉など	蒸気圧力・温度の適正化	燃焼炉、電気炉、蒸気配管、バルブ等の保温
	ボイラー等加熱設備の立上げタイミング、稼働時間の変更　等	ボイラーの台数制御
		高効率ボイラーへの更新
		高効率バーナー、リジェネバーナーへの更新
		廃熱の利用（蒸気ドレン回収など）　等
受変電設備・デマンド管理など	デマンド監視装置の活用	トップランナー変圧器への更新
	省エネ型自販機への更新　等	変圧器の負荷統合
		デマンド監視制御装置の導入　等

（4）既存設備の投資改善は、技術管理者が温度と費用から設備の排熱対策を考える

【ヒートポンプ熱源】（40℃〜 100℃）

◎ 設置費は約 8 万円 /kW 前後：熱容量 100 kW の場合、1 基で約 800 万円

◎ 特高路線、受変電設備、関連補器等の周辺設備が別に必要で高価になる

・特高以上の契約となる場合必要：約 1 〜 3 億円 /km

・受変電設備が特高以上の契約となる場合：約 4 万円 /kVA

・関連補器（蓄熱槽、配管、制御など）は、費用は設置数に応じて変わるが、ヒートポンプ機器と同額程度の場合もある

【ガスボイラー】（〜 200℃）

◎ 設置費は約 1 万円 /kW：熱容量 800 kW の場合、1 基で約 800 万円

・新たにガス導管を敷設して供給する場合必要：約 1 〜 2 億円 /km

【コージェネレーションシステム】（〜 500℃）

◎ コージェネレーションシステムとは、天然ガスや LP ガス、電気や石油などの燃料から発電し、排出した熱を回収利用して効率の良い発電設備、従来型のシステムと比較して高いエネルギー効率性を発揮（従来型約 40% ⇒ コジェネ約 75%）デメリットは「発電機」のコストが高いということ。

◎ 設置費は約 14 万円 /kW（電力出力ベース）熱容量 4,700 kW の場合、設備 1 基で約 8 億円

・新たにガス導管を敷設して供給する場合必要：約 1 〜 2 億円 /km

＊出典：「平成 29 年度新エネルギー等の導入促進のための基礎調査」、各種メーカー情報、業界団体へのヒアリングなどから作成

6.5 （STEP1 〜 2）既存設備の改善への補助金は、発熱量を参考にする

（1）既存設備の改善への補助金は、3.6 の補助金を参照、要件に応じた補助金を経営者が申請

「**カーボンニュートラルに向けた投資促進税制**」は、生産工程等の脱炭素化と付加価値向上を両立する設備の導入が対象です。機械装置、器具備品、建物付属整備、建築物等で、導入により事業所の炭素生産性が 1% 以上向上することが条件です。

「**先進的省エネルギー投資促進支援事業補助**」は、C 事業 指定設備導入事業【設備区分：産業ヒートポンプ】です。

　ガスボイラーは、「**高効率給湯器導入促進による家庭部門の省エネルギー推進事業費補助金**」があります。これは、家庭部門ですので、第 3 章で紹介しませんでしたが、ヒートポンプも対象となります。

　コージェネレーションシステムは、「省エネルギー投資促進支援事業費補助金」のうち「高効率コージェネレーション」が対象です。これは、新設の補助金で説明しています。

6.6 （STEP1 ～ 2）【削減計画③】設備の入れ替え・新設・増設は、エネルギー管理表を活用し、カーボンニュートラルに取り組む

[→ 6.2（3）（削減計画）]

（1）新設備導入（投資改善）は、経営者の長期的なエネルギー転換の方針から、技術管理者がエネルギー管理表を活用し、生産性向上（コスト削減）と温室効果ガスの抑制に取り組むこと

新設備導入とは、**使用する Scope1 のエネルギー**を、経営者の**長期的なエネルギー転換の方針**から、**技術管理者がエネルギー管理表を活用**し、電気や水素エネルギーなど**温室効果ガスの排出量が少ない再生可能エネルギー**に**切り替えること**を指します。

例えば、重油やガスを使って温水を作る「ボイラー」を、省エネ効果が高いヒートポンプに転換する**機器の効率化**、ガソリン車やディーゼル車からハイブリッド車や電気自動車に転換といったような**電化**が該当します。

Scope1・2の新設備導入とは、企業の全ての設備を再生可能エネルギーの電化に転換することです。技術管理者が生産性向上とコスト削減を進め、最終的に温室効果ガスの発生をゼロにするように指導します。

技術管理者が判断する、新規設備で脱炭素化と生産性向上・コスト削減のポイントを挙げます。

◎ 大きな脱炭素化効果を持つ製品の**生産設備の開発**、**生産プロセス・サービス提供方法の改善**、**生産性向上に資する取り組み**

◎ **エネルギー起源 CO2 排出量を相当程度削減する**計画となる設備

◎ **エネルギー消費効率が高い省エネルギー設備**の新設または増設

◎ **燃費や排ガス性能が高い対象自動車**の購入、新規登録

◎ **地域の補助金、融資制度**の活用

Scope1・2・3の削減対策の取り組み方【技術管理者対象】

6.7 （STEP1 〜 2）製品・サービスの開発、生産性向上に資する取り組み、設備の入れ替え・新設・増設への補助金とエコカー減税

(1) 温室効果ガスの排出削減に資する革新的な製品・サービスの開発、生産性向上に資する取り組み：ものづくり補助金（グリーン枠）

革新的な製品・サービスの開発、炭素生産性向上を伴う生産プロセス・サービス提供方法の改善などが該当します。

ものづくり補助金（グリーン枠）		
対象	要件	補助額（補助率・補助限度額）
◎ 温室効果ガスの排出削減に資する革新的な製品・サービスの開発 ◎ 炭素生産性向上を伴う生産プロセス・サービス提供方法の改善などの、生産性向上に資する取り組み（運用改善）	次の要件を全て満たす 3 〜 5 年の事業計画を策定している。 ◎ 付加価値額：年率平均 3% 以上増加。 ◎ 給与支給総額：年率平均 1.5% 以上増加。 ◎ 事業場内最低賃金：地域別最低賃金＋ 30 円以上。 ◎ 事業場単位での炭素生産性：年率平均 1% 以上増加。 ◎ 温室効果ガス排出削減に向けた詳細な取り組み状況がわかる書面を提出。	＜補助限度額＞[従業員別] ・5 人以下：1,000 万円 ・6 人〜 20 人：1,500 万円 ・21 人以上：2,000 万円 ＜補助率＞ 2/3 以内

（令和 5 年度現在）

（2）経済産業省の①大きな脱炭素化効果を持つ製品の生産設備、②生産工程等の脱炭素化と付加価値向上を両立する設備の導入に対する補助金：カーボンニュートラルに向けた投資促進税制

　産業競争力強化法の認定制度に基づき、**①大きな脱炭素化効果を持つ製品の生産設備、②生産工程等の脱炭素化と付加価値向上を両立する設備**の導入に対して、**最大 10％の税額控除または 50％の特別償却を新たに措置**します（**措置対象となる投資額は 500 億円まで。控除税額は DX 投資促進税制と合計で法人税額の 20％まで**）。

カーボンニュートラルに向けた投資促進税制		
対象	要件	補助額（補助率・補助限度額）
① 大きな脱炭素化効果を持つ製品の生産設備導入：エネルギーの利用による環境への負荷の低減効果が大きく、新たな需要の拡大に寄与することが見込まれる製品の生産に専ら使用される設備	◎ 対象設備は、機械装置 <製品イメージ> ・化合物パワー半導体 ・燃料電池	<措置内容> ◎ 税額控除 10％または特別償却 50％
② 生産工程等の脱炭素化と付加価値向上を両立する設備導入：事業所等の炭素生産性（付加価値額／エネルギー起源 CO2 排出量）を相当程度向上させる計画に必要となる設備	◎ 導入により事業所の炭素生産性が 1％以上向上することが必要 ◎ 対象設備は、機械装置、器具備品、建物附属設備、構築物 <計画イメージ> ・外部電力からの調達 （→ 一部再エネへ切替え） ・エネルギー管理設備 （→ 新規導入）	<炭素生産性の相当程度の向上と措置内容> ◎ 3 年以内に 10％以上向上：税額控除 10％または特別償却 50％ ◎ 3 年以内に 7％以上向上：税額控除 5％または特別償却 50％

（令和 5 年度現在）

6

Scope1・2・3 の削減対策の取り組み方【技術管理者対象】

（3）資源エネルギー庁の利子補給事業（既存施設のボイラー増設、新設ビルへの高効率設備導入、ソフト面での省エネの取り組み）：省エネルギー設備投資に係る利子補給金

　利子補給対象事業を行う者に対して一般社団法人環境共創イニシアチブ（SII）が指定する金融機関が行う融資です。エネルギー消費効率、省エネ設備、省エネの取り組みの利子補給と融資が該当します。

省エネルギー設備投資に係る利子補給金		
対象	要件	補助額（補助率・補助限度額）
◎ 利子補給対象事業を行う者に対して一般社団法人環境共創イニシアチブ（SII）が指定する金融機関が行う融資	次の①～③のいずれかの要件を満たす必要あり ① エネルギー消費効率が高い省エネルギー設備を新設、または増設する事業 ② 省エネルギー設備等を新設、または増設し、工場・事業場全体におけるエネルギー消費原単位が 1％以上改善される事業 ③ データセンターのクラウドサービス活用や EMS の導入等による省エネルギー取り組みに関する事業	<利子補給率> ・貸付利率 1.1％ 以上→ 1.0％ ・貸付利率 1.1％ 未満→貸付利率から▲ 0.1％ <交付対象融資額の上限> ・100 億円 <交付対象期間> ・最長 10 年間

（令和 5 年度現在）

（4）国交省の環境性能が優れている車への税金の優遇措置：エコカー減税

エコカー購入時に対する新車の初回車検の際などの自動車重量税の税率を減免するしくみです。

エコカー減税		
対象	要件	補助額（補助率・補助限度額）
・電気自動車 ・燃料電池自動車 ・天然ガス自動車（平成 30 年排出ガス規制適合） ・プラグインハイブリッド自動車 ・クリーンディーゼル乗用車	燃費や排ガス性能が高い対象自動車を購入し、新規登録を行った場合に自動車重量税の減税が受けられる特例制度	◎ エコカー減税とは燃費や排ガス性能が優れた自動車に対して、それらの性能に応じて新車の初回車検の際などの自動車重量税の税率を減免するしくみ。 ◎ 初回車検で免税となる自動車のうち、電気自動車等の極めて燃費水準が高い車は、2回目の車検時の自動車重量税も免除。

（令和 5 年度現在）

（5）地域の CO2 削減計画への補助金、融資制度

地域にも、CO2 削減計画への補助金、融資制度があります。以下は静岡県の例です。

◎ 静岡県補助金　省エネ設備導入補助金

・機器更新補助金（環境資源協会を通じた間接補助）

・補助率 1/3、上限 200 万円

空調機器、ボイラー等の省エネ機器導入

◎ 静岡県制度融資「脱炭素支援資金」（令和 4 年度の融資枠　50 億円）

・融資上限　1 億円（利子補給率 0.67% 以内）

・省エネルギー型設備、太陽光発電設備、EV・FCV・FC バスの導入

6.8　（STEP4）【削減計画④】Scope3 の CO2 削減対策は、サプライチェーン内で 5S 活動の強化　　[→ 6.2（3）（削減計画）]

（1）技術管理者が指示する、Scope3 の温室効果ガス削減とコスト削減対策は、マテリアルフローの見直しを基本とすること

　事業者の持続的な発展を「将来像」として目指すのであれば、**サプライチェーンのマテリアルフロー、エネルギーフローに主眼を置いた CO2 削減を実施**します。

　技術管理者が指示する、**Scope3 の温室効果ガス削減とコスト削減対策の基本**となるのは、マテリアルフローの見直しです。その結果、エネルギーフローも変わるといったように、**両者は相互に関連**しています。ここではマテリアルフロー・エネルギーフローのそれぞれについて、見直しを進める際のポイントを以下の順序で **5S 活動の強化**ともに考えたいと思います。

① ビジネスモデルを見直す（**製造・販売・輸送を見直す**）

② 製品設計を見直す（**製品の材料構成、エネルギー等の見直し**）

③ 製造工程を見直す（**廃棄物の 3R の実施など**）

④ 個別のプロセスを見直す（歩留まりを改善する）

　「**マテリアルフローの見直し**」となる、**廃棄物・リサイクルの数量対策**が、中心となります。廃棄物・リサイクルの**数量対策**は、**資源生産量、循環利用率、最終処分量**が考えられます。

（2）Scope3 の削減対策は、技術管理者が企業内の「活動量」と「排出原単位」の情報を集めることから始める

　Scope1・2 と同様に、Scope3 の削減対策においても、マテリアルフローやエネルギーフローの分析の視点は重要です。自社の外側（サプライチェーン）の排出である Scope3 の削減対策は Scope1・2 とは異なる独特の難しさがあります。**技術管理者**が、**対策を検討**するにあたり、①〜③の難しさを認識しておく必要があります。

① サプライチェーンとして考えるため、グループ全体としてノウハウが未成熟で、**参考にできる情報が共有されない**

・Scope3 の削減対策の必要性が認識されるようになったのは、ごく最近です。Scope3 対策に本格的に取り組み始めているのは、一部の大手先進企業に留

まっています。サプライチェーン全体としての経験値が足りないため、**参考にできる先行事例も限定的**です。

・温室効果ガス（GHG）の排出量算定は、必要な「活動量」と「排出原単位」掛け算です。「**活動量**」と「**排出原単位**」から**対策を考えます**。

② 業界、ビジネスモデル毎に対策が違うため、**事業形態フローで考える**

・Scope3 については、15 個の細分化されたカテゴリに整理され、**15 個の異なる排出経路が存在**します。業種やビジネスモデル毎に、排出が多いカテゴリ、少ないカテゴリが存在します。その排出が多い理由も千差万別です。したがって、**事業の目標、範囲、分類の流れを把握**します。

・各企業で行うべき Scope3 の削減対策は、自社の状況に適合する「**活動量**」と「**排出原単位**」から**対策を考えます**。

③ サプライヤーとの連携が求められ、**自社とサプライヤーとの上下流で考える**

・Scope3 は、自社とサプライチェーンとの温室効果ガス（GHG）排出量を削減する必要があります。そのため、自社の温室効果ガス削減が、外部のサプライヤーの温室効果ガス削減に寄与します。そのため**サプライチェーン内の温室効果ガス削減の意思決定を共有化**します。

・当該サプライチェーン内の企業の資金面／ノウハウ面での企業体力が弱かったり、排出削減に対する意識が低かったりすると、対策の実行の難易度がさらに上がってしまいます。**グループ内で Scope3 のメリットを認識する**ことが重要です。

（3）Scope3 の削減対策の進め方は、集めた自社の事業範囲の情報について、15 の排出カテゴリを 5 つに分類して分析することが基本

　Scope3 の削減対策の基本は、自社の直接的な排出を減らすことが、**サプライチェーン全体で削減をシェア**（自社の事業（製品・サービス・ソリューション等）を通じた社会・顧客に対する削減貢献の可能性）になります。

　排出カテゴリは 15 個あります ［→ 5.6（カテゴリ）］ が、サプライチェーン全体の削減対策は、**上下流に分けて、5 つに分類して考える**と分析しやすいと思います。

a. サプライヤーとの協働（カテゴリ 1、4、5、8、10、11、12、13、15）
b. 調達改革（カテゴリ 3、4、5、8、9、10、11、12、13）

c.　製品・サービスのデザイン変更（カテゴリ 1、3、5、10、11、12、13）

d.　オペレーションの改革（カテゴリ 2、5、6、7、8、14、15、その他）

e.　顧客との協働（カテゴリ 4、5、6、10、11、12、13、14、15）

　次表（**上下流削減対策**）を参照すると、自社の排出量が多い各カテゴリについて、どのような手法での削減方法が有望か特定できます。

（4）Scope3 の削減対策の進め方（上流側）：5 つの主要分類に対する、各カテゴリの削減策一覧表

　Scope3 の上流側を 5 つに主要分類した各カテゴリの削減策一覧表を下記に示します。

Scope3 の削減対策の進め方（上流側）①〜⑧					
Scope 3 のカテゴリ	a.　サプライヤーとの協働	b.　調達改革	c.　製品・サービスのデザイン変更	d.　オペレーションの改革	e.　顧客との協働
① 購入した製品・サービス	原材料から製品までの3Rの推進		原材料から製品までの3Rの推進		
② 資本財				設備や工場のライフサイクルに対するキャッシュフロー	
③ 燃料及びエネルギー関連活動		Scope1・2以外の燃料使用量の削減	Scope1・2以外の燃料使用量の削減		
④ 輸送、配送（上流）	輸送距離・重量等の運搬手段の検討	輸送距離・重量等の運搬手段の検討			輸送距離・重量等の運搬手段の検討
⑤ 事業から出る廃棄物	分別した廃棄物処理量の削減	分別した廃棄物処理量の削減	分別した廃棄物処理量の削減	分別した廃棄物処理量の削減	分別した廃棄物処理量の削減
⑥ 出張				出張形態の検討	出張形態の検討

				通勤形態の検討	
⑦ 雇用者の通勤				通勤形態の検討	
⑧ リース資産（上流）	デジタルトランスフォーメーション化、スモールオフィスの検討	デジタルトランスフォーメーション化、スモールオフィスの検討		デジタルトランスフォーメーション化、スモールオフィスの検討	
その他				従業員や消費者の日常生活の GHG 排出量の削減	

（5）Scope3 の削減対策の進め方（下流側）：5 つの主要分類に対する、各カテゴリの削減策一覧表

　Scope3 の下流側を 5 つに主要分類した各カテゴリの削減策一覧表を下記に示します。

Scope3 の削減対策の進め方（下流側）カテゴリ⑨〜⑮

Scope 3 のカテゴリ	a. サプライヤーとの協働	b. 調達改革	c. 製品・サービスのデザイン変更	d. オペレーションの改革	e. 顧客との協働
⑨ 輸送、配送（下流）	輸送距離・重量等の運搬手段の検討	輸送距離・重量等の運搬手段の検討			輸送距離・重量等の運搬手段の検討
⑩ 販売した製品の加工	製品の生産規模・影響・外部からの要求の検討	製品の生産規模・影響・外部からの要求の検討	製品の生産規模・影響・外部からの要求の検討		製品の生産規模・影響・外部からの要求の検討
⑪ 販売した製品の使用	GHG 排出量の少ない製品の販売	GHG 排出量の少ない製品の販売	GHG 排出量の少ない製品の販売		GHG 排出量の少ない製品の販売
⑫ 販売した製品の廃棄	原材料から製品までの 3R の推進	原材料から製品までの 3R の推進	原材料から製品までの 3R の推進		原材料から製品までの 3R の推進
⑬ リース資産（下流）	デジタルトランスフォー	デジタルトランスフォー		デジタルトランスフォー	デジタルトランスフォー

	メーション化、スモールオフィスの検討	メーション化、スモールオフィスの検討		メーション化、スモールオフィスの検討	メーション化、スモールオフィスの検討
⑭ フランチャイズ				フランチャイズ加盟店の各種エネルギー使用量の削減	フランチャイズ加盟店の各種エネルギー使用量の削減
⑮ 投資	投資先プロジェクトの障害稼働時の各種エネルギー使用量の削減			投資先プロジェクトの障害稼働時の各種エネルギー使用量の削減	投資先プロジェクトの障害稼働時の各種エネルギー使用量の削減

（6）Scope3 の削減対策は、技術管理者が上流側の排出カテゴリのマテリアルフローの 3R を見直すことから始める

　技術管理者が上流側の排出カテゴリのマテリアルフローを見直すと、その効果はマテリアルフロー下流にまで及びます。**排出カテゴリの上流の見直しは、マテリアルフロー全体への波及効果が大きい**と言えます。

　特にカテゴリ①の「**原材料の量を減らす**」「**リサイクル材料の量を増やす**」ことは、Scope1・2 および **Scope3 の広範囲にわたり CO2 を削減できる可能性**があり、**優先的に 3R を検討**することが有効です。

◎ マテリアルフローの上流：**原材料の種類**や**量、調達先**について、より**環境負荷が小さい**、Recycle（再生）、Reuse（再使用）の材料への変更を検討します。

◎ マテリアルフローの下流：**製品から出る廃棄物を減らす（Reduce）・活用**する余地を検討します。

◎ 3R は、**マテリアルフロー全体への影響が大きい順に見直し**を検討します。後述する SBT の求める野心的な CO2 削減に向けた手掛かりを掴めます。

　3R の推進とは、**環境負荷の少ない製品の普及により対価を得るビジネスに転換**することです。これにより、**顧客満足を重視**した製品製造へとシフトすることとなり、**環境負荷製品を減らすという選択**と言う CSR につながります。

◎ 製品製造という**ビジネスモデルは変えずに原材料の量を減らす**検討手段として、製品の小型化や長寿命化など、**製品設計の VE、VA 化**があります。

◎（サプライチェーンも含めた）**プロセスフローを見直す**とは、**材料、製品の輸送・配送から調達**など、**サプライヤーとの協働、調達改革、顧客との協働の改善**があります。

製品・サービスのデザイン変更（製品の小型化）
原材料の量を減らせないか（製造）
　・原材料を 3R 材料に変えられないか
　・**原料製造：コスト削減＋CO2 削減**
調達先を変えられないか（輸送）
　・**原材料輸送 CO2 削減**

中間製品（工程）
　・**製品製造 CO2 削減**

調達改革、顧客との協働 (製品の輸送頻度、長寿命化、廃棄物の量の削減、再利用)
　・**製品の輸送、製品の使用、製品の廃棄**

（7）Scope3 の技術管理者が実施する、上流側のマテリアルフローの削減は、「ビジネスモデルや製品設計を見直す」ことから始め、自社とサプライヤーとの業務分担の見直しにつなげる

　ビジネスモデルや製品設計を見直した結果、ほかの事業所や事業者と工程を統合・集約することが可能となります。それにより**原料・製造から搬送までに要する CO2 排出量とコストの削減**を図れます。

　最初は、工程の改善でサプライチェーン先の事業所や事業者では CO2 排出量が増加することとなりますが、部分最適に陥らずに、**調達改革、オペレーションの改革**を断行し、**顧客との協働**により全体として CO2 排出量の削減を実現することが可能となります。

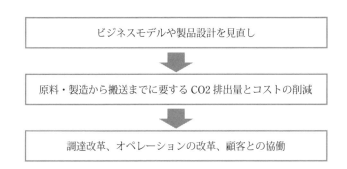

ビジネスモデルや製品設計を見直し

原料・製造から搬送までに要する CO2 排出量とコストの削減

調達改革、オペレーションの改革、顧客との協働

（8）Scope3 の削減対策は、排出カテゴリのエネルギーフローを見直し、エネルギー管理表、エネルギー使用量チェックシートから、部門別管理者が最も望ましいエネルギー供給の設備構成や運用方法（供給条件）を追求すること

　一般に事業活動は、「マテリアルフローの見直し」に絡んで、「エネルギーフローの見直し」が定まる部分が少なくありません。**マテリアルフローの見直しを進める**ことにより、**エネルギーフローも**かなりの部分が**見直される**ことになります。

　エネルギーフローを見直す際には、**第 2 章の「エネルギー管理表」**を活用し、**自社のエネルギー消費構造**や **CO2 排出構造の特徴**を把握します。特に注目すべき領域を特定したうえで、本当に**必要なエネルギー消費量を突き詰める**ことが重要になります。

　次に**第 3 章の「エネルギー使用量チェックシート」**から、例えば、ボイラーおよびその蒸気を熱源とする各種加熱設備から構成されるプロセスに注目する場合、「ボイラーの発生蒸気 ← 各種加熱設備の要求蒸気 ← 製品の加温 ← 製品の成分反応」といったエネルギー利用の目的まで立ち返り、**部門別管理者**が、本来求められる**エネルギー需要（負荷条件）を把握**します。

　そのうえで、負荷条件を満たすために、**部門別管理者**が、**最も望ましいエネルギー供給の設備構成や運用方法（供給条件）を追求**することになります。

（9）Scope3 のエネルギーフローの削減は、技術管理者が上流側の製造・販売のエネルギー消費の負荷条件と供給条件から構造・背景を洞察し、下流側のエネルギー使用を最適化すること

　Scope3 のエネルギーフローに対する技術管理者の視点を下記に示します。

エネルギーフローの削減	
技術管理者の視点	技術管理者の確認事項
負荷条件の洗い出し	◎ 何をするために多くの動力や熱を必要としているのか ◎ なぜそれだけのエネルギーを必要としているのか
供給条件の洗い出し	◎ 現状の設備構成や運用はどのようになっているのか ◎ プロセス内やプロセス間でのエネルギー融通や排熱発生・回収状況はどうなっているのか ◎ それらはどのような設計思想に基づくものなのか

次の順序で進めます。

① **ビジネスモデルの見直し（事業所間、自社とサプライヤーとの業務分担の見直し）**

② **製品設計の見直し（事業所間、自社とサプライヤーとの業務分担の見直し）**

③ **プロセスフローの見直し（生産工程自体、製品加工に係る負荷条件・供給条件の見直し）**

④ **個別のプロセスの見直し（高効率設備、低炭素型エネルギー源への更新・変更）**

（10）Scope3 の削減対策は、部門別管理者が製品の加工・販売に係る負荷条件・供給条件から既存設備の改善・新設を提案、技術管理者が下流側のサプライチェーンの CO2 削減とコスト削減を実施すること

エネルギーフローは、エネルギー利用目的まで立ち返って、**部門別管理者**が**業務の本来あるべきビジネスモデルプロセスから VE、VA を検討**します。**技術管理者**が**生産性の向上**から、**温室効果ガスとコスト削減**を目指します。

例えば部品数・工数の削減等、生産プロセス自体の上流側の見直しを検討します。製品品質への影響を見極めたうえで、要求管理値等から、**負荷条件の見直しし、VA、VE を実施**します。

この結果を踏まえ、**第3章**の「**エネルギー使用量チェックシート**」から、**上下流の間接加熱から直接加熱への工程変更**や、**既存設備の排熱・未利用エネルギーの利用等、長期的なエネルギー転換の方針**から、**エネルギー供給条件の見直し、既存設備を改善**します。

次に、高効率設備への更新や温室効果ガス排出量の少ない低炭素型エネルギー源へ**新設設備導入**を検討します。

上記で検討した負荷条件・供給条件の見直しも踏まえながら、下流側の**調達改革**、**オペレーションの改革**を断行し、**顧客との協働**によりサプライチェーン全体の CO2 排出量の削減とコスト削減の実現を可能とします。

6

Scope1・2・3の削減対策の取り組み方【技術管理者対象】

6.9　（STEP4）技術管理者が実施する、削減対策の精査・計画・改善の取りまとめ方法とそのメリット

（1）Scope3の削減対策は、技術管理者が2030年までの計画を組み立て、精査・改善を進めること

　技術管理者は、「**長期的なエネルギー転換の方針**」による、マテリアルフローやエネルギーフローの見直し結果を振り返り、想定される**温室効果ガス削減量**に対する**投資金額**、**光熱費・燃料費・資産管理費等**の増減を**精査**し、コスト削減計画を進めます。

　技術管理者は、マテリアルフローやエネルギーフローの削減対策によって、Scope1・2・3の**目標達成は可能**か、より温室効果ガスを削減するために**どれだけ追加費用**がかかるのか、**2030年までの計画を組み立て**ていきます［→1.3（4つのSTEP）］。

　技術管理者は、2030年までの中長期排出削減目標等の設定は、以下の改善視点で、年度ごとに**目標達成の結果**と**活動の改善内容**を、**実施事例等を参考**に**評価**します。

◎　材料等（商品や輸送品目等を含む）の改善

◎　方法（資産等を含む）の改善

◎　マネジメント（通勤や出張、リース等を含む）の改善

◎　機械・設備（保存や快適性等を含む）の改善

（2）Scope1・2・3の削減対策は、温室効果ガスとコスト削減だけでなく、中長期排出削減目標等の設定でビジネスチャンス獲得に結びつく

　中長期排出削減目標等の設定を進めることは、気候変動の抑制につながるだけでなく、自社の企業価値向上です。**中長期排出削減目標等の設定**は、**ビジネスチャンス獲得に結びつく**ものです。

　中長期排出削減目標等の設定の意義3つを紹介します。

① **資金調達機会の獲得**［→第7章（投資環境）］

　　・自社が持続的な事業運営を計画していることを対外的にアピール。

　　・長期的な目線から投資を行う投資家らからの資金調達の機会を獲得。

② **取引機会喪失リスクの回避**［→第8章（脱炭素化に向けた目標設定）］

・中長期排出削減目標等の設定を進めることで、取引先の脱炭素に向けた目標設定や再エネ調達などを受注要件する企業の要請に応え、彼らとの取引機会を確保。

・SBT、RE100、再エネ宣言 RE Action の目標設定

③ **グリー成長戦略の挑戦**［→ 第9章（経営戦略のビジネスチャンス)］

(3) 削減計画の精査と取りまとめ例

　環境省ホームページに記載された中小企業（製造業）の削減計画を紹介します。

削減計画の取りまとめ例

中小企業等向け SBT・再エネ100％目標設定
成果報告　2020年度

協発工業株式会社	
項目	内容
1. 企業情報	● 業種：製造業 ● 事業概要：1966年に創業し、主に自動車のブレーキシステムに関連する自動車部品のプレス加工を行っている。
2. 削減目標案	● Scope1・2の削減目標と削減に向けた取り組み 目標2030年に2018年比で50％削減 取り組みとして工場で使用の電力の再エネ化を推進
3. 基準年のGHGインベントリ	● Scope1・2・3の排出量の状況 ● Scope1：[17 tCO2] ● Scope2：[162 tCO2] ● Scope3：[11,532 tCO2]

6
Scope1・2・3の削減対策の取り組み方【技術管理者対象】
147

4. 気候変動によるリスクと機会の分析	● 当社の主要顧客からサプライヤーに対しても、今後 GHG の削減要請が高まることが想定される ● 自社の省エネ製品の普及が促進される可能性や、率先して自社が対策に取り組むことによる外部企業評価の向上が期待される
5. 削減目標設定の背景・目的・期待する効果など	● SBT 取得により、顧客や投資家からの削減要請に応えることを示し、ビジネスチャンスを拡大することを期待
6. 目標設定のプロセスと社内の議論	● 社内トップ会議で支援内容を説明 社内トップ会議においては、各部門別に温暖化のリスクと機会を検討したことで、野心的な全社目標の必要性を共有できた
7. 今後の課題	● Scope3 のカテゴリ 1 の削減のために、サプライヤーに協働していく取り組みに対して理解を得る説明の実施などが課題

出典：環境省 HP

［Ⅳ．課題解決遂行編］

第7章

経営戦略向上に向けた投資環境の整備（ビジネスチャンスの向上）

【経営者対象】

7.1 カーボンニュートラルの実施に伴う、投資環境の好条件が整備されている

（1）脱炭素化の実施 ［→ 第6章（Scope1・2・3の削減対策）］**で、選択できる投資促進税制がある：対象資産の特別償却、取得価額の税額控除**
［→ 3.6（補助金）］

　カーボンニュートラルに向けた**投資促進税制**として、**対象資産の取得価額の50%の特別償却**、または**取得価額の5%（10%）の税額控除との選択適用**が受けられます。

【対象資産】

◎ **大きな脱炭素化効果を持つ製品の生産設備への投資**

　・［対象製品］化合物パワー半導体、燃料電池、リチウムイオン電池、洋上風力発電設備のうち一定のもの

◎ **生産工程等の脱炭素化と付加価値向上を両立する設備への投資**

　・［計画例］再生エネルギー電力への一部切替えとともに行う、生産設備やエネルギー管理設備の刷新

【適用対象法人】

◎ 適用対象法人は、**青色申告書を提出する法人で認定エネルギー利用環境負荷低減事業適応事業者**です。対象資産の投資額が大きいため、企業に対し、**事前に事業所管省庁への計画申請／認定を求める**こととされています。

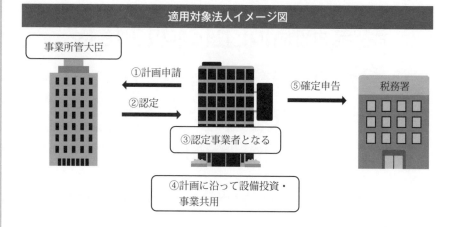

【特典】

◎ **設備投資額の 50%相当額の特別償却**

◎ **設備投資額の 5%（エネルギーの利用による環境への負荷の低減に著しく資する一定ものについては、10%）相当額の法人税額の特別控除**

【適用期限】

◎ 2024（令和6）年3月31日までに設備投資し、かつ事業用に供した場合に、適用を受けられます。

（2）経営者が判断する、カーボンニュートラル実現のための投資を促す方策は、「長期資金供給」「利子補給制度」

　カーボンニュートラル実現への投資環境整備の内容を説明します。

　カーボンニュートラル実現のためには、**CO2 を排出しない再生可能エネルギー（再エネ）の導入（グリーン）**に加え「**低炭素化**」（トランジション）「**脱炭素化**」に向けた革新的技術（イノベーション）への投資が必要

「低炭素化」「脱炭素化」に向けた革新的技術（イノベーション）への民間投資を呼び込む政策は以下のとおりです。

◎ **10 年以上の長期的な事業計画の認定を受けた事業者**に対して、その**計画実現のための長期資金供給のしくみ**の創設

② 成果連動型の「利子補給制度」（一定の要件を満たせば、利子に相当する助成金を受け取ることができる制度。3年間で1兆円の融資規模）の創設

事業者（**経営者**）による、長期間にわたる「低炭素化」「脱炭素化」の取り組みの推進 [→ 第1章〜第6章]

(3) カーボンニュートラル実現のための投資環境は、「TCFD」「ESG資金」「ソーシャルボンド」

「気候関連財務情報開示タスクフォース（TCFD; Task Force on Climate-related Financial Disclosures）」は、**企業の環境活動を金融**などの**取り組みを通じて、気候変動に関する企業の積極的な財務情報の開示を促します。**

ESG資金（環境：Environment、社会：Social、ガバナンス：Governance）の英語の頭文字を合わせた言葉）を取り込んでいくには、**金融機関**や**金融資本市場が適切に機能する環境整備**や**ルールづくり**が重要です。国内外の**環境**や**社会、ガバナンス**に配慮した**投資に取り込み、金融機関への協力体制**の構築していることです。社会課題に取り組む事業の資金調達のために発行される債券「ソーシャルボンド」を円滑に発行できるようにするなど、**カーボンニュートラルに向けたファイナンスシステムの整備に取り組みます。**

ソーシャルボンド（Social Bond）とは、「**調達資金のすべてが、社会的成果の達成を目指すプロジェクト**に、**一部**又は**全部の初期投資、リファイナンス**に**充当される債券**」のことです。

(4) 経済界では、外部環境の変化を的確に捉え、TCFDや脱炭素に向けた目標設定（SBT、RE100等）を要請することが社会経済の流れとなっている

外部環境が激しく変化するなかにおいても、**地域企業が競争力を維持・強化する**ためには、自社の強み・弱みを分析したうえで、**環境変化に柔軟に対応し**ていくことが重要です。これにより、**チャンスの取り込み、リスクの転換を図る**ことが可能となります。

パリ協定を契機に、企業が、気候変動に対応した**経営戦略の開示**（TCFD）や脱炭素に向けた**目標設定** [→ 8.1（SBT、RE100など）] などを通じ、脱炭素経

営に取り組む動きが進展しています。

　こうした企業の取り組みは、国際的な **ESG 投資の潮流**の中で、自らの企業価値の向上につながることが期待できます。

　気候変動の影響がますます顕在化しつつある今日、先んじて脱炭素経営の取り組みを進めることにより、他者と差別化を図ることができ、**新たな取引先**や**ビジネスチャンスの獲得**［→ 9.1（カーボンニュートラル）］に結びつくものになっています。

7.2 TCFD（機構関連財務情報開示タスクフォース）・ESG 投資、ソーシャルボンドは、企業選別条件。現在、増加傾向にある

（1）ESG 投資とは、経営者が環境・社会・企業統治に配慮している企業かを重視・選別して行う投資のこと

　ESG 投資とは、**経営者**が**環境・社会・企業統治に配慮している企業かを重視・選別して行う投資**のことです。

◎ 企業の売上や成長性など、数値で把握しやすい要素（財務情報）ではない、**非財務と呼ばれる分野の要素も加味して投資先を選び**ます。そういう点で、ESG 投資は従来の投資手法とは大きく異なっています。

◎ **ESG 評価の高い企業は、事業の社会的意義、成長の持続性など優れた企業特性を持つ**と言えます。

ESG とは

E = 環境（Environment）
環境に配慮（二酸化炭素の排出量が多くないか、環境汚染をしていないか、再生可能エネルギーを使っているかなど）

S = 社会（Social）
社会に貢献（地域活動への貢献、労働環境の改善、女性活躍の推進など）

G = 企業統治（Governance）
収益を上げつつ、不祥事を防ぐ経営

◎ ESG 投資は、**欧米を中心に広く浸透し、投資残高も年々拡大傾向**にあります。

◎ **公的年金基金など**は、リスク管理の観点から ESG を捉え、**中長期的なフリーキャッシュフロー創出力など企業価値向上が期待できる企業**を見極めることで、**投資リスクの軽減**に努めています。

世界各地域の ESG 投資残高推移

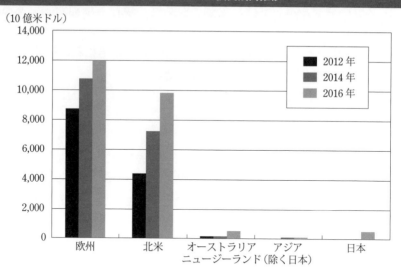

世界の投資額の 26.3%（約 22.8 兆米ドル）が ESG 投資
（2016 年時点）

（2）ソーシャルボンドとは、企業や国際機関が資金調達の債券の発行し、投資利益と社会改善効果の機会を提供すること

　ソーシャルボンドとは、**企業や国際機関等**が、衛生・福祉・教育などの**社会的課題の解決に資する事業（ソーシャルプロジェクト）に要する資金を調達するために発行する債券**のことで、**投資利益と社会改善効果**を提供します。

　企業にとっては、**サステナビリティ（持続可能性）経営の高度化**、ソーシャルプロジェクトの推進を通じた**社会的な支持の獲得なども期待**できます。また、新たな投資家との関係構築による**資金調達基盤の強化**や、**好条件での資金調達の可能性**なども想定できます。

　一方、ソーシャルボンドは、投資家にとって、**ESG 投資（環境や社会、ガバナンスに配慮した投資）**の要素も考慮した**投資手段の提供、投資利益と社会改善効果**などにかかわる**メリットの両立も可能**となります。また、開示情報を通じた**社会改善効果**などにかかわるエンゲージメント（**仕事に対してのポジティブで充実した心理状態**）機会の提供などにもつながります。

　ソーシャルボンドとグリーンボンドの双方に調達資金が充当される債券が**サステナビリティボンド**で、**経営の高度化、金利の好条件化、資金調達先の確保**

が期待できます。

　グリーンボンドやソーシャルボンド、サステナビリティボンドの関係は下図
のとおりです。

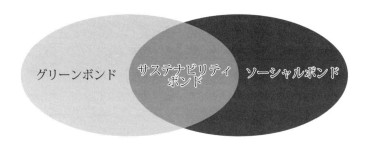

グリーンボンド、ソーシャルボンド、サステナビリティボンド

グリーンボンド

サステナビリティ
ボンド

ソーシャルボンド

　グリーンボンドとは、調達資金のすべてが、新規または既存の適格なグリー
ンプロジェクトの**初期投資**または**リファイナンスのみに充当される債券**です。
日本では環境省において、ICMA 原則の内容との整合性に配慮した「グリーン
ボンドガイドライン」を策定しています。

　サステナビリティボンドとは、**調達資金**のすべてが、**グリーンプロジェクト**
と**ソーシャルプロジェクト（ボンド）**双方への**初期投資**や**リファイナンス**のみ
に**充当される債券**です。ICMA では、サステナビリティボンド発行のガイドラ
インとして「サステナビリティボンドガイドライン」を策定しています。

出典：金融庁

7

経営戦略向上に向けた投資環境の整備（ビジネスチャンスの向上）【経営者対象】

7.3　投資環境（TCFD）向上のための 5 つのフェーズ（自社のリスクの明確化、対応の組織化、リスクの分析、ステークホルダーの視点からの評価、今後の課題の抽出）

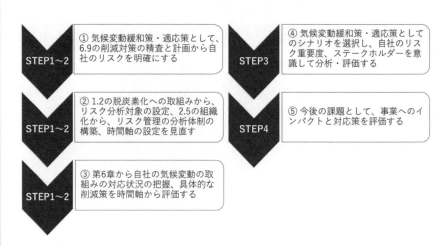

STEP1～2　① 気候変動緩和策・適応策として、6.9 の削減対策の精査と計画から自社のリスクを明確にする

STEP3　④ 気候変動緩和策・適応策としてのシナリオを選択し、自社のリスク重要度、ステークホルダーを意識して分析・評価する

STEP1～2　② 1.2 の脱炭素化への取組みから、リスク分析対象の設定、2.5 の組織化から、リスク管理の分析体制の構築、時間軸の設定を見直す

STEP4　⑤ 今後の課題として、事業へのインパクトと対応策を評価する

STEP1～2　③ 第 6 章から自社の気候変動の取組みの対応状況の把握、具体的な削減策を時間軸から評価する

（1）TCFD「賛同」「開示」は、投資チャンスと自社の経営強化が増えるメリットがある

　TCFD とは、G20 の要請を受け、金融安定理事会（FSB）により、**気候関連の情報開示**および**金融機関の対応をどのように行うかを検討**するため設立された「**気候関連財務情報開示タスクフォース**（Task Force on Climate-related Financial Disclosures）」を指します。

　TCFD への対応は、大きく「**賛同**」と「**開示**」の 2 種類に分けられます。TCFD 賛同のメリットは、**投資家からの評価向上**です。投資家からの投資チャンスが増えます。企業は TCFD に賛同することで、**投資家にアピール**し、自社の**リスクマネジメントを強化**するなどのメリットを得ることができます。

　TCFD の国内外への普及を目指し、金融庁や経済産業省、環境省がさまざまな取り組みを行っていることから、今後も **TCFD へ賛同する企業や組織数の増加が予測**されます。

　企業などに対し、気候変動関連リスクや機会に関し、**投資家の立場**から下記の項目について**開示することを推奨**しています。

◎　**ガバナンス**（Governance）：**気候変動**と**リスク**に関して、**どのような体制**で検討し、それを**企業経営にどのように反映**しているか。

◎ **戦略**（Strategy）：**気候変動**と**リスク**が、短期・中期・長期にわたり、**企業経営にどのように影響**を与えるか。またそれについて**どう考えたか**。

◎ **リスク管理**（Risk Management）：気候変動のリスクについて、**どのように特定**、**評価**し、またそれを**低減**しようとしているか。

◎ **指標と目標**（Metrics and Targets）：**リスク**と機会の**評価**について、**どのような指標を用いて判断**し、**目標への進捗度を評価**しているか。

　気候変動関連リスクおよび機会に関する事項、「**体制**」は**第１章・第２章**、「**企業経営**」は**第１章・第６章**、「**特定**」は**第３章〜第５章**、「**低減**」は**第６章**、「**進捗度評価**」は**第３章〜第６章**を参考にしてください。

　より具体的に説明しますと、環境省では、シナリオ分析について以下のような手順で行うよう推奨しています。

① **【事前準備】**経営陣の理解を得た後、シナリオ分析にあたっての**分業体制（組織体制：経営者、技術管理者、部門別管理者等）、分析対象（自社の脱炭素を推進する対象）、時間軸（短中長期計画）**を設定する。

② **【リスク重要度の評価】**企業が直面しうる気候変動による**リスクと機会を洗い出し（コスト、品質、サプライチェーン等の移行リスク）、財務上どのような影響を与える**か考え、それらの重要度を判断する（**順番付け**）。

③ **【シナリオ群の定義】**平均気温の上昇温度別に、それぞれのシナリオを想定する。情報量や汎用性の高さ、競合の事例を加味しつつどのようなシナリオを選択するか、また、自社内の関連部署と世界観をどうすり合わせていくかがポイントとなります。

　　シナリオの選択：**自社の業種や状況、投資家の動きや国内外の政策動向に合わせたシナリオ**の選択する

　　関連パラメータの将来情報の入手：**リスク・機会項目に関する客観的な将来情報を入手**し、その**内容を裏付ける信憑性の高いデータを集める**

　　ステークホルダーを意識した世界観の整理：投資家を含めた**広い意味でのステークホルダーの行動**など自社を取り巻く将来の環境への世界観を明確化し、**社内で影響を受ける環境問題等の世界観**について**合意形成を図る**

④ **【事業インパクト評価】**想定したシナリオごとに、事業や財務面にどのような影響を与えるかを評価する。事業が**対象社会にもたらした変化**、例えば、社会的成果を高め、社会課題の解決により寄与等の変化を**精緻に測定する**

評価手法です。

⑤ **【対応策の定義】** これまでの分析結果を踏まえ、企業としてどのような対策ができるか検討する。**特定されたリスクや機会**に対して、**どういった現実的な対応策**をとるか、**検討し、決めていくステップ**です。第2章から6章までを参考にしてください。

⑥ **【文書化と情報開示】** 分析したシナリオ、事業インパクト、対応策を文書化し、情報を開示する（**分析したシナリオ、事業インパクト、対応策を文書化し、情報を開示**）。

TCFD「開示」

（2）TCFD「開示」は、経営者が投資家の立場から複数の気候変動に対する「シナリオ分析」の経営戦略の立案を進めることが重要

　TCFDは、気候変動対策に取り組む企業の情報開示を義務化することを提言するものです。

　TCFD提言に沿った情報開示に向け、企業の気候関連リスク・機会に関するシナリオ分析を行う具体的な手順を解説しています。

　経営者は投資家の立場から企業に対して、気候関連のリスクと機会やガバナンスの明確化など、企業の気候変動に関する情報開示を求めています。投資家

の信頼を得て資金を集めるためには、特に**重要なの**は、**複数の気候変動**に対する「**シナリオ分析**」です。

　「TCFD を活用した経営戦略立案のススメ～気候関連リスク・機会を織り込むシナリオ分析実践ガイド　2021 年度版」では、気候変動関連リスク及び機会に関するシナリオ分析の具体的な手順を解説しています。我が国の**シナリオ分析の実践事例（環境省支援事業参加 13 社）が掲載され、1.5℃シナリオのパラメータに関する情報が充実しています。**国内外における TCFD 関連文献を整理した一覧表を追加されました。

第**8**章

脱炭素化に向けた目標設定
（ビジネス環境の向上）

【経営者対象・技術管理者対象】

8.1　伸びる企業は、経営者による脱炭素化の目標設定が必要

（1）SBTとは、経営者が科学的根拠に基づいた目標設定をすること

　SBT（Science Based Targets）は、企業が環境問題に取り組んでいることを示す目標設定のひとつで、2015年のパリ協定で誕生しました。**「科学と整合した目標設定」「科学的根拠に基づいた目標設定」** などと訳されます。

　目標設定とは、2015年のパリ協定で定められた、いわゆる**「2℃目標」** のことです。**産業革命以降の気温上昇を 2℃未満（もしくは 1.5℃未満）に抑える** という国際的な目標に整合するよう、**各企業（経営者）は温室効果ガスの排出削減目標を定める必要** があります。SBTにより認定されるには、パリ協定が求める水準と整合した温室効果ガス削減目標を設定することです。

　
企業の直接排出規制 ＋ サプライチェーン全体の排出規制を要求

6.2(3)（削減計画）の実施

（2）大手企業は、取引先サプライヤーに SBT 目標条件を要請

　脱炭素経営に取り組む大手企業は、サプライチェーン全体（Scope3）での温室効果ガスの削減に取り組む傾向にあり、以下のように大手企業では、**取引先に脱炭素経営（SBT認定）を要請するケース** が増えています。

SBT 要請の例		
SBT 要請企業	目標年	購入先への目標条件
大和ハウス	2025	**購入先サプライヤーの 90%に SBT 目標**を設定
第一三共	2020	**主要サプライヤーの 90%に削減目標**を設定
ナブテスコ	2030	**主要サプライヤーの 70%に SBT を目指した削減目標**を設定
大日本印刷	2025	**購入金額の 90%に相当する主要サプライヤーに SBT 目標**を設定
イオン	2021	**購入した製品・サービスによる排出量の 80%に相当するサプライヤーに SBT 目標**を設定

出典：環境省グリーン・バリューチェーンプラットフォーム SBT 詳細資料

（3）SBT 目標条件達成のための 4 つのフェーズ（中小企業と大企業とでは目標設定が異なる）

STEP1〜2　① 【目標の申請】1.5℃、2℃より十分低い水準を選択し、その対策を設定、その対策を設定、約束（コミット）、公表する

STEP4　④ 【SBTへの申請・承認確認】基準年と目標設定を決定し、SBTiへ承認申請を行う。申請方法はSBTiのWEBサイトから申し込む

STEP1〜2　② 【排出量の算定】過去数年分、自社のエネルギー消費量データを収集する。その数値に適切な係数を乗じて排出量を算定する

STEP1〜2　③ 【削減目標の設定＊】中小企業は目標年を2030年にて固定。算定結果を基に基準年を自社で決定。2030年までに達成する目標設定を行う。大企業は申請時の5年以上先、10年以内

＊中小企業（従業員500人未満・独立系企業）向けSBTの削減対象範囲は、自社の燃料の燃焼や電気の使用といった範囲のみ（Scope1・2）。大企業はサプライチェーン全体（Scope1・2・3）の削減が求められる。

（4）RE100 とは、使用する電力を 100%再生可能エネルギーで補うこと目指している企業のこと

RE100（Renewable Energy 100%）とは、簡単に意味を説明すると「**事業活動で使用する電力（Scope2）を 100%再生可能エネルギーで補うこと目指している企業が加盟する**」もので、**日本だけではなく世界中で取り組みが行われ**ています。

企業（**経営者**）が、2050 年まで事業活動における電力 100%を再エネで賄う

ことを宣言する取り組みです。電力100％を賄う方法は、**第4章**で説明しましたが、**企業の状況に応じて再エネの調達方法を選択する必要**があります。

　主にメリットとして挙げられるのは、以下の要素です。

① **ブランドイメージ向上（国際的な動向から、地球温暖化を防止する取り組みに参加する）**
② **投資対象として評価を得られやすい（ESG投資に繋がる）**
③ **電気コスト高騰によるリスク回避**

　これからの課題は、電力需要側ではなく、**電力供給側が自発的に再生可能エネルギーの開発を進め、政府や関係機関がそれに沿った関係法令を作り出し、官民一体で取り組むこと**です。

（5）RE100参加は、経営者が再生可能エネルギー由来の電力を使っていることの証明、企業のリスクの回避が目的

　RE100に参加している日本企業は、77社です（2023年1月現在）世界的には金融関係の企業が多いのに対し、日本では建設業・電気機器・小売業が割合を占めています。RE100の参加は、**経営者が再生可能エネルギー由来の電力を使っていることを証明**することで、**企業のリスクを回避**できます。

RE100に取り組む企業（例）		
企業	RE100実現に向けた取り組み	達成内容
イオン株式会社	◎ 太陽光発電設備の更なる導入 ◎ 「イオン脱炭素ビジョン2050」を策定 ◎ 外部から調達する電力を再生可能エネルギーに転換 ◎ 省エネ設備導入 ◎ 再エネ電力の契約	◎ **環境配慮型のモデル店舗「スマートイオン」を構築** ◎ **次世代スマートイオン** ◎ スマートな技術の導入等（中間目標）
城南信用金庫	◎ 本支店等の自社所有物件の電力（98％）を自然エネルギー（バイオマス）に切替え ◎ 残りの賃貸物件の電力（2％）は、J-クレジット購入で対応 ◎ 省エネと自家発電への取り組み	◎ RE100加盟日本企業で初となる、**RE100を達成** ◎ 実質100％再エネ実現

出典：環境省グリーン・バリューチェーンプラットフォーム RE100詳細資料

（6）（参考）RE100 認定を目指す中小企業の削減事例

　日崎工業（株）は、2030 年までに完全脱炭素を目指す金属加工の町工場です。東日本大震災を契機に省エネ・再エネを意識した理念経営にシフトしました。

　工場の LED 化、屋根遮熱塗装、レーザー加工機の更新、太陽光パネル設置により CO_2 排出量を 50% 以上削減（電気料金 約 6 割以上削減）しました。以下は削減の各種データ（2014 年→ 2020 年時の比較）です。

◎　電力使用量　27.7 万 kWh → 12.9 万 kWh　　　　　約 53% 削減

◎　年間電気料金　680 万円→ 230 万円　　　　　　　約 66% 削減

◎　CO_2 排出量　172t → 81t　　　　　　　　　　　　約 52% 削減

（7）再エネ 100 宣言 RE Action とは、中小企業の経営者が使用電力を 100％再生可能エネルギーに転換する意思と行動を示し、技術管理者が使用するエネルギーを再エネにすること

　RE100 認定は大手企業向きのため、中小企業の多くは条件を満たすことができません。**中小企業は、「再エネ 100 宣言 RE Action」を掲げる**ことができます。再エネ 100 宣言 RE Action とは、企業や自治体などのあらゆる機関**（経営者等）**が、**使用電力を 100％再生可能エネルギーに転換する意思**と**行動**を示し、**技術管理者**が、使用されるエネルギーを **100％再生可能エネルギーで賄う**という新たな枠組みです。

　以下の要件が必要です。

① RE100 の加盟条件を満たさない企業で、2050 年までに使用電力を再エネ 100％にすることを**目標設定**し、**公表**すること

② 再エネ推進に関する取り組み（**第 4 章 4.1 Scope2 の取り組み方、第 6 章 6.1Scope1・2・3 削減対策　参照**）の実施をすること

③ **消費電力、再エネ達成率**などを**毎年報告**すること

（8）SBT、RE100、再エネ 100 宣言 RE Action のステップ一覧表

　SBT、RE100、再エネ 100 宣言 RE Action のステップ一覧表を以下にまとめました。

SBT	
ステップ	内　容
	【目標設定へのコミット】 SBTi（SBT の運営事務局）にコミットメントレターを提出（任意）
1	【サプライチェーン排出量の把握】 Scope1・2・3 排出量の算定（大企業のみ。中小企業版は Scope1・2）
2	【目標の検討】 Scope1・2 目標（中小企業・大企業）および Scope3 目標（大企業）を設定
3	【取り組みに向けた社内折衝】 SBTi への目標申請等に向け、社内関係者と折衝
4	【目標の申請】 SBTi に申請書を提出し、認定を取得
5	【目標達成に向けた対策の実施】 排出削減対策、排出量算定の詳細化、進捗報告を実施

RE100	
ステップ	内　容
1	【電力消費量の把握】 購入電力量、自家発電量の把握
2	【目標の検討】 再エネ電力調達の 2050 年目標および中間目標を設定
3	【取り組みに向けた社内折衝】 RE100 への参加等に向け、社内関係者と折衝
4	【目標の申請】 RE100 事務局に申込書を提出し、参加
5	【目標達成に向けた対策の実施】 再エネ電力調達を実施

8

脱炭素化に向けた目標設定（ビジネス環境の向上）【経営者対象・技術管理者対象】

再エネ 100 宣言 RE Action	
ステップ	内　容
	遅くとも 2050 年までに使用電力を 100% 再エネに転換する目標を設定し、対外的に公表
1	【全消費電力量の把握】 購入電力量、自家発電量の把握
2	【再エネ電力割合の把握】 上記の全消費電力量に対する再エネ電力量の占める割合を記載
3	【現在の主な電力購入価格帯の把握】 全消費電力量を支払い電気代金で割った値を記載
4	【ロゴのメールの申請】 参加申込書への記載とは別に、ロゴデータをグリーン購入ネットワーク（GPN）にメール

第**9**章

経営戦略のビジネスチャンス（新産業参入計画）

【経営者対象】

9.1　カーボンニュートラルは、これからの日本が生きる道

（1）カーボンニュートラルは、日本が先端技術で世界をリードする

　日本の将来の目的は、**最先端技術で世界のカーボンニュートラルをリード**することです。それこそが**日本が果たす国際貢献**です。これは、特にエネルギー需要の増加が見込まれるアジアにおいて必要不可欠と考えられます。

　米国・欧州との間では、**イノベーション政策における連携**や、新興国をはじめとする**第三国での脱炭素化支援などの個別プロジェクト**を推進するほか、**技術の標準化や貿易に関するルールづくりに連携**して取り組んでいます。

　日本は、**アジア新興国**との間では、たとえば、カーボンリサイクル、水素、洋上風力、**CO2 の回収といった分野での連携**、各国事情に応じた**実効的な低炭素化への移行（トランジション）を率先して支援**しています。二国間や多国間の協力を進め、これらの国々の脱炭素化に向けた取り組みに貢献しています。日本の企業もこのような流れに目を向けるべきです。

（2）現在、日本ではカーボンニュートラルに向けた規制改革・標準化の推進、新技術を普及させる規制緩和・強化が進められている

　日本において、研究開発や実証を経て、技術を社会に実装しようとしたときの課題に**規制の問題**があります。需要を拡大し、量産化を目指すためには、**新技術の導入が進むよう規制を強化**し、導入をはばむような**不合理な規制については緩和**する必要があります。

　また、新技術が世界で活用されるよう、**国際標準化にも取り組みます**。たとえば、水素を国際輸送する際の関連機器の国際標準化や、再エネが優先して送電網を利用できるような電力系統運用ルールの見直し、自動車の電動化を推進

するための燃費規制の活用などです。

　さらに、CO_2 に価格をつける「**カーボンプライシング**」をはじめとする、**市場メカニズムを用いた経済的手法**についても、成長につながるものであれば、**既存の制度活用や新たな制度づくりを含めて幅広く検討**し、**活用していく方針**です。

（3）カーボンプライシングとは、炭素の価格付けで排出者の行動を変容させる仕組み。Scope1・2・3 を進めている企業は、ビジネスチャンス

　カーボンプライシングとは、**炭素に価格を付け、排出者の行動を変容させる政策手法**です。第2章で説明した、電気料金の**再エネ賦課金、燃料調整費**も入ります。大まかには以下のような類型があります。**将来的にも化石エネルギーの価格は高騰気味**になるでしょう。Ｊ－クレジットもこの仕組みに入ります。

カーボンプライシング		
制度		制度の内容
国内	炭素税（含む**再エネ賦課金、燃料調整費**）	石炭・石油・天然ガスなどの化石燃料に、**炭素の含有量に応じて税金をかけて、化石燃料やそれを利用した製品の製造・使用の価格を引き上げる**ことで需要を抑制し、結果として CO_2 排出量を抑えるという経済的な政策手段です。
	国内排出量取引	キャップアンドトレード制度とも呼ばれる温室効果ガスの排出量取引制度の一つで、**企業ごとに排出枠（限度＝キャップ）を設け、その排出枠（余剰排出量や不足排出量）を取引（トレード）する制度**です。
	クレジット取引	日本政府では**非化石価値取引、Ｊ－クレジット制度、JCM（二国間クレジット制度）**などが運用されているほか、民間セクターにおいてもクレジット取引が実施されています。
国際機関による市場メカニズム		国際海事機関（IMO）では炭素税形式を念頭に検討中、国際民間航空機関（ICAO）では排出量取引形式で実施。
インターナショナル・カーボンプライシング		企業が独自に自社の CO_2 排出に対し、価格付け、投資判断などに活用されています。

（4）公的な機関は民間投資に対して、脱炭素化の効果が高い製品への投資の優遇を図る税制上の措置を実施している

　税制面では、企業の脱炭素化投資を後押しする大胆な税制措置を行い、**10**

年間で約 **1.7 兆円**の民間投資創出効果を目指しています。

　具体的には、「**カーボンニュートラルに向けた投資促進税制**」により、例えば、**脱炭素化の効果が高い製品**（燃料電池、洋上風力発電設備の主要専門部品など）をつくるための**生産設備を導入した場合、一定の税の優遇**が受けられるようになりました。

　また、積極的な**研究開発投資を行う企業**については、「**研究開発税制**」でみとめられている**税の控除上限を引き上げる**ことで、**企業の投資意欲を引き出し**ています。

　カーボンニュートラルへの挑戦は、**社会経済を大きく変革**し、**投資を促し**［→第 7 章］、**企業の生産性を向上**［→第 3・5・6 章］させ、**産業構造の大転換と力強い成長を生み出す**チャンスです。このチャンスを**地域経済（サプライチェーン）の成長**［→第 5 章］にもつなげていくことが必要です。

　脱炭素化は、地域経済の成長を担う中小企業にとって、**コスト負担の増加**や**購入条件の変更**［→第 8 章］による**リスク**もあります。しかし、この大きな潮流の中で、**カーボンニュートラルへの挑戦を成長の機会と捉え、生産性の向上（コスト削減）や新事業の創出**など、**自らの稼ぐ力の強化**につなげていくことが重要です。

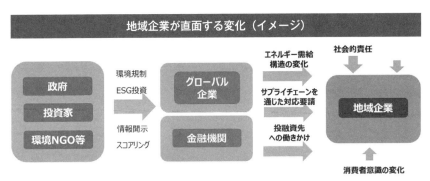

出典：経済産業省関東経済産業局「カーボンニュートラルと地域企業の対応」

（5）企業の挑戦を後押しする産業政策「グリーン成長戦略」、環境関連の投資は、グローバル市場で大きな存在

　温暖化への対応を"経済成長の制約やコスト"と考える時代は終わり、"**成長の機会**"と捉える時代になりつつあります。実際に、環境・社会・ガバナン

スを重視した経営をおこなう企業へ投資する **ESG 投資**［→ 第7章］は、**世界で 3,000 兆円にも及ぶ**とされ、**環境関連の投資はグローバル市場では大きな存在**となっています。

　諸外国を見ても 2022 年時点で、**150 以上の国と地域が「2050 年カーボンニュートラル」を目標**に、脱炭素化に向けた大胆な政策措置を相次いで打ち出しています。

「グリーン成長戦略」は、脱炭素化をきっかけに、産業構造を抜本的に転換し、排出削減を実現しつつ次なる大きな成長へとつなげていきます。まさに脱炭素化は、**産業政策の観点からも、世界の重要な政策テーマ**となりました。

　電気をすべて脱炭素化し、産業部門の電化を進めたり、**水素を発電・産業・運輸など幅広く活用されるキーテクノロジー**としたり、**CO2 は、回収し、カーボンリサイクルや地中貯留（CCS）**します。

カーボンニュートラルの産業のイメージ

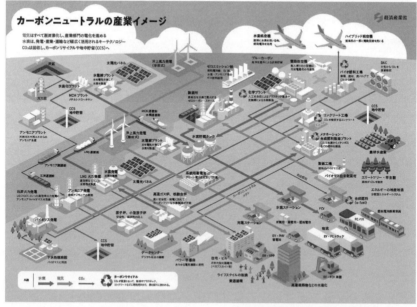

出典：経済産業省資源エネルギー庁 HP
「カーボンニュートラルに向けた産業政策 “グリーン成長戦略” とは？」

（6）新技術やアイディアを企業の成長につなげる新産業参入の取り組みは、14の重要分野が選定されている。経営者の判断が求められる

　日本では、「**グリーン成長戦略**」として、2050年カーボンニュートラルの実現に向けて、**今後、産業として成長が期待**され、なおかつ**温室効果ガスの排出を削減する観点からも取り組みが不可欠**と考えられる、**14の重要分野**を設定しています。

グリーン成長戦略「実行計画」の14分野

足下から2030年、
そして2050年にかけて成長分野は拡大

エネルギー関連産業

①洋上風力産業
風車本体・部品・浮体式風力

②燃料アンモニア産業
発電用バーナー
（水素社会に向けた移行期の燃料）

③水素産業
発電タービン・水素還元製鉄・運搬船・水電解装置

④原子力産業
SMR・水素製造原子力

輸送・製造関連産業

⑤自動車・蓄電池産業
EV・FCV・次世代電池

⑥半導体・情報通信産業
データセンター・省エネ半導体
（需要サイドの効率化）

⑦船舶産業
燃料電池船・EV船・ガス燃料船等
（水素・アンモニア等）

⑧物流・人流・土木インフラ産業
スマート交通・物流用ドローン・FC建機

⑨食料・農林水産業
スマート農業・高層建築物木造化・ブルーカーボン

⑩航空機産業
ハイブリット化・水素航空機

⑪カーボンリサイクル産業
コンクリート・バイオ燃料・プラスチック原料

家庭・オフィス関連産業

⑫住宅・建築物産業／次世代型太陽光産業
（ペロブスカイト）

⑬資源循環関連産業
バイオ素材・再生材・廃棄物発電

⑭ライフスタイル関連産業
地域の脱炭素化ビジネス

出典：経済産業省資源エネルギー庁HP
「カーボンニュートラルに向けた産業政策"グリーン成長戦略"とは？」

　エネルギー関連産業として、①洋上風力、②燃料アンモニア、③水素、④原子力

　輸送・製造関連産業として、⑤自動車・蓄電池、⑥半導体・情報通信、⑦船舶、⑧物流・人流・土木インフラ、⑨食料・農林水産、⑩航空機、⑪カーボンリサイクル

　家庭・オフィス関連産業として、⑫住宅・建築物／次世代型太陽光、⑬資源循環関連、⑭ライフスタイル関連

　「**グリーン成長戦略**」では、**分野ごとに2050年までの「工程表」をつくる**とともに、**関係省庁と連携しながら実行計画を着実に実施**しています。

　今後は、それぞれの分野の特性を踏まえながら、**日本の国際競争力を強化し**

9

経営戦略のビジネスチャンス（新産業参入計画）【経営者対象】

つつ**自立的な市場拡大**につながるよう、さらなる**方策を検討**していきます。

　経済産業省は、関係省庁と連携し、「**グリーン成長戦略**」をさらに具体化し、政策を総動員することで、**持続的な成長とイノベーションを実現**し、**2050年カーボンニュートラル社会の実現可能性を高めます。**

（7）企業の新産業参入の支援策は、予算、税制、金融、規制改革と標準化等、あらゆる政策ツールで企業の挑戦をサポート

　企業の新産業参入の大胆な投資を後押しするには、企業のニーズに沿った支援策が必要です。そのため、**2050年までの**「**工程表**」**で整理**し、**研究開発、実証、導入拡大、自立商用**といった段階を意識して、それぞれの段階に最適な政策ツールを、きめ細かく措置しています。

　具体的には、次のような**予算、税制、金融、規制改革と標準化、国際連携の分野横断的な5つの主要政策ツール**を打ち出しています。

① 予算：「**グリーンイノベーション基金**」創設
② 税制：**脱炭素化の効果が高い製品への投資**を優遇
③ 金融：**ファンド創設など投資をうながす環境整備**
④ 規制改革・標準化：**新技術が普及するよう規制緩和・強化**を実施
⑤ 国際連携：**日本の先端技術で世界をリード**

（8）経営者のグリーン成長戦略への参入判断は、既存のビジネスの延長線上で、生産性向上・コスト削減につながる機器・システムの開発から進める

　省エネは、環境負荷低減とともに**経済的なメリット（コスト削減）を生み**出すものです。経営者は、**既存のビジネスの延長線上ですぐに始められる取り組み**と考えてください。

　例えば、高効率機器への更新や導入などです。また、設備投資を伴わない**工程改善やエネルギーマネジメント**による**運用改善**によっても効果が得られるような**生産設備・工作機械の改善、システムの開発**を含みます。

　グリーン成長戦略も、**温室効果ガスの排出量を把握**し、**エネルギーの購入量、工程ごとのエネルギーの使用量を削減**する取り組みです。**既存のビジネスの延長線上**で始めてください。

　省エネ法、温対法等の報告対象となる場合は、法規に基づき算定をします。

対象外の事業者においても、**工程**や**事業活動ごとの使用量**から、自社の温室効果ガスの**排出量を測定・算定**、削減ツールの開発、省エネ性能の高い設備の開発を行います。ただし、**生産性の高い、利益が得られる設備**でなければなりません。生産性向上の**システムの開発**は、**先導的・先進的な取り組み**であることも大切です。

(9)　経営者が業務展開したい、地域の中小企業のグリーン成長戦略に対する３つの取り組みポイント

地域の中小企業のカーボンニュートラルへの挑戦は、経営者が次の３つのポイントで判断します。

① **生産性向上・コスト削減**につなげる

　⇒ 高効率機器の導入や徹底的な**省エネの推進・現場改善** ［→ 6.2（11）（不良率削減、作業の平準化）］ など

② **外部環境の変化を的確に捉える**

　⇒ **将来の脅威に対して計画的に行動** ［→ 第 7 章、第 8 章］

　例えば将来的な自動車の電動化を踏まえた業態転換 など

③ **新技術やアイディアを企業成長**につなげる

　⇒ 新たな技術革新ニーズへの対応など**カーボンニュートラル産業への参入**

　［→ 第 9 章（経営戦略のビジネスチャンス）］ など

(10)　「グリーンイノベーション基金」は、10 年間の継続支援方策

2050 年カーボンニュートラルの実現には、これまで以上に野心的なイノベーションへの挑戦が必要です。そのための**グリーン成長戦略に対する経営者への支援策**が、「**グリーンイノベーション基金**」です。**新エネルギー・産業技術総合開発機構（NEDO）**に創設された 2 兆円の基金です。**企業を今後 10 年間、継続して支援**していきます。

「グリーンイノベーション基金」は、それぞれのプロジェクトにおいて、**官民で野心的で具体的な目標を共有**します。さらに、取り組みが単なる研究開発に終わらず**社会実装までつながる**よう、**企業経営者に経営課題として取り組むというコミットメントを求める**ことになっています。

この 2 兆円の基金は、呼び水であり、**約 15 兆円とも想定される、民間企業の野心的なイノベーション投資**を引き出すことが狙いです。

グリーンイノベーション基金事業の概要　その目的はカーボンニュートラルの広がり

2050年カーボンニュートラルに向けた
イノベーションに取り組む皆様へ

エネルギー・産業部門の構造転換や、
大胆な投資によるイノベーションの大幅な加速を目指す

グリーンイノベーション基金事業

- 2020年10月、我が国は「2050年カーボンニュートラル」を宣言し、温室効果ガスの排出を全体としてゼロにする目標を掲げました。これは従来の政府方針を大幅に前倒しするもので、並大抵の努力で実現できるものではありません。
- このため、2兆円のグリーンイノベーション基金事業において、官民で野心的かつ具体的な目標を共有した上で、これに経営課題として取り組む企業等に対して、10年間、研究開発・実証から社会実装までを継続して支援します。

事業概要

対象分野・プロジェクト
グリーン成長戦略の実行計画を策定している重点分野（詳細は裏面の対象分野参照）において、**野心的な2030年目標**（性能、コスト、生産性、導入量、CO2削減量等）**を目指すプロジェクト**を実施。プロジェクトの実施者に選ばれた企業の経営者には、**経営課題として取り組むことへのコミットメント**求める。

対象事業者
社会実装までを視野に入れた事業であるため**企業等**が対象。中小・ベンチャー企業の参画も促進。なお、企業等への支出が過半を占める場合、再委託先やコンソーシアムの参加者として、大学、研究機関、技術研究組合の参画も可能。

プロジェクト期間
最長10年間。研究開発・実証から社会実装まで長期間にわたる継続的な支援が必要である野心的な取組を支援することに主眼があることから、支援が短期間で十分なプロジェクトは対象外。

プロジェクト規模
従来の研究開発プロジェクトの平均規模※以上。ただし、新たな産業を創出する役割等を担う、**ベンチャー企業等**の活躍が見込まれる場合、この水準を下回る**小規模プロジェクトも実施**する可能性あり。※200億円程度

支援スキーム
プロジェクトには国が**委託**するに足る革新的・基盤的な研究開発要素を含むことが必要。また、プロジェクトの一部として補助事業も実施し、補助率等は取組内容に応じて設定。

※その他、基金事業の詳細は、「グリーンイノベーション基金事業の基本方針」
をご参照ください。

NEDO 国立研究開発法人
新エネルギー・産業技術総合開発機構
https://www.nedo.go.jp/

 NEDO 検索

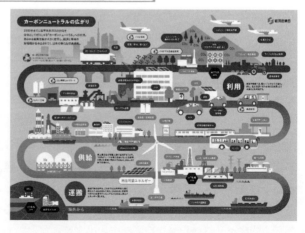

9.2　新事業創出の補助金は、第3章、第6章で紹介した支援事業

（1）中小企業の新事業創出の補助金は、先進的省エネルギー投資促進支援事業費補助金（第3章）、ものづくり補助金「グリーン枠」（ものづくり・商業・サービス生産性向上促進事業）（第6章）

　先進的省エネルギー投資促進支援事業費補助金は、事業者のさらなる省エネ設備への入替を促進するため、「**先進設備・システム**」「**オーダーメイド型設備**」**の導入を支援**しています。

　ものづくり・商業・サービス生産性向上促進事業（ものづくり補助金「グリーン枠」）は、温室効果ガスの排出削減に資する**革新的な製品・サービスの開発**や炭素生産性向上を伴う**生産プロセス・サービス提供方法の改善**などを行う**事業者を支援**しています。

9.3　グリーン成長戦略：エネルギー関連産業　PPA の補助金紹介

（1）既存建物、テナントビル、空き家等の CO2 削減：既存建築物における省 CO2 改修支援事業

既存建物、テナントビル、空き家等に対する CO2 削減が対象の補助金です。

既存建築物における省 CO2 改修支援事業		
対象	要件	補助額（補助率・補助限度額）
① 建築物を所有する民間企業等 CO2 削減に寄与する空調、BEMS 装置等の導入費用（補助上限 5,000 万円）	◎ 既存建築物において 30％以上の CO2 削減 ◎ 運用改善によりさらなる省エネの実現を目的とした体制の構築	間接補助事業 1/3
② テナントビルを所有する法人等 CO2 削減に寄与する省 CO2 改修費用（設備費等）（補助上限 4,000 万円）	◎ テナントビルにおいて 20％以上の CO2 削減 ◎ ビル所有者とテナントにおけるグリーンリース契約の締結	
③ 空き家等を所有する者 CO2 削減に寄与する省 CO2 改修費用（設備費等）（補助上限なし）	◎ 空き家等において 15％以上の CO2 削減 ◎ 空き家等を改修し、業務用施設として利用	

（令和 5 年度現在）

（2）オフサイトから CO2 削減制御：再エネ主力化に向けた需要側の運転制御設備等導入促進事業（デマンド・サイド・フレキシビリティ）

オフサイトから運転制御可能な需要家側の設備・システム等導入支援事業です。

再エネ主力化に向けた需要側の運転制御設備等導入促進事業		
対象	内容	補助額（補助率・補助限度額）
① オフサイトから運転制御可能な需要家側の設備・システム	オフサイトから運転制御可能な充放電設備又は充電設備、蓄電池、車載型蓄電池＊、蓄熱槽、ヒートポンプ、コジェネ、EMS、通信・遠隔	1/2（※一部上限あり）

等導入支援事業	制御機器、自営線、熱導管等の導入を支援する。 ＊ 通信・制御機器、充放電設備又は充電設備とセットで外部給電可能な EV に従来車から買換えする場合に限る（上限あり） ＊ 設備導入年度の終了後、少なくとも 3 年間、市場連動型の電力契約を結ぶ事業者について優先採択を行う。	
② 再エネの出力抑制低減に資するオフサイトから運転制御可能な発電側の設備・システム等導入支援事業	再エネ発電事業者における再エネ出力抑制の低減に資するために、出力抑制の制御をオフライン制御からオンライン制御に転換するための設備等導入を支援する。	1/3（※電気事業法上の離島は1/2）

（令和 5 年度現在）

(3) 離島の CO2 削減の取り組み：再エネ主力化に向けた需要側の運転制御設備等導入促進事業（離島の再エネ自給率向上）

　離島にオフサイトで運転制御可能な需要家側の設備・システム等導入支援事業です。

　離島は、地理的条件、需要規模等の各種要因より電力供給量に占める再エネの割合が低く、本土と比較して、実質的な CO2 排出係数が高くなります。

　一方、太陽光や風力等の再エネは変動性電源であり、電力供給量に占める割合を高めるためには、調整力を強化していく必要があり、このような調整の強化には、再エネ設備や需要側設備を群単位で管理・制御することが有効です。

再エネ主力化に向けた需要側の運転制御設備等導入促進事業		
対象	内容	補助額（補助率・補助限度額）
◎ 離島において、再エネ設備や需要側設備を群単位で管理・制御することで調整力を強化し、離島全体で電力供給量に占める再エネの割合を高め、CO2 削減を図る取り組み	計画策定の支援や、再エネ設備、オフサイトから運転制御可能な需要側設備、蓄電システム、蓄熱槽、充放電設備又は充電設備、車載型蓄電池、EMS、通信・遠隔制御機器、同期発電設備、自営線、熱導管等の設備等導入支援を行う。	◎ 計画策定 3/4（上限1,000万円） ◎ 設備等導入 2/3（一部上限あり）

（令和 5 年度現在）

（4）複数の建物を直流で給電：平時の省 CO2 と災害時避難施設を両立する直流による建物間融通支援事業

　平時の省 CO2 と災害時の自立運転を両立するシステムを構築し、地域における再エネ主力化とレジリエンス強化を同時に推進する、建物間での直流給電システム構築に係る設備等の導入支援事業です。

　直流給電システムは、交流給電システムと比べて一般的に電力変換段数が少なく、電力変換時のエネルギーロス低減による省 CO2 化が可能です。また、太陽光発電設備や蓄電池を給電線に直接接続できるため、災害時などに停電が発生した際にも効率的に自立運伝ができます。このような直流給電システムを複数の建物間で構築することで一定エリア内で平時の省 CO2 を図りつつ、災害時には地域の避難拠点を形成できます。

平時の省 CO2 と災害時避難施設を両立する直流による建物間融通支援事業		
対象	内容	補助額（補助率・補助限度額）
◎ 平時の省 CO2 を図り、災害時に地域の避難拠点を形成する事業者	複数の建物をつなぎ、直流給電システムを構築することで、一定エリア内で平時の省 CO2 を図り、災害時に地域の避難拠点を形成等する事業者に対して計画策定や設備等導入支援を行う。	◎ 計画策定 3/4（上限 1,000 万円） ◎ 設備等導入 1/2（一部上限あり）

（令和 5 年度現在）

（5）データセンターの新設に伴う設備の支援：データセンターのゼロエミッション化・レジリエンス強化促進事業（地域の再エネ電力供給）

　データセンターの新設による再エネ活用等とレジリエンス強化に向けた取り組みを支援する事業です。

データセンターのゼロエミッション化・レジリエンス強化促進事業		
対象	内容	補助額（補助率・補助限度額）
① 地域再エネの活用によりゼロエミッション化を目指すデータセンター構築支援事業	データセンターの再エネ活用等によるゼロエミッション化・レジリエンス強化に向けた取り組みを支援。	① 間接事業 1/2（太陽光発電設備、省エネ設備は 1/3）

	地域の再生可能エネルギーを最大限活用したデータセンターの新設に伴う再エネ設備・蓄エネ設備・省エネ設備等導入への支援を行うことで、ゼロエミッション化を目指すデータセンターのモデルを創出し、その知見を公表、横展開につなげていく。	

（令和 5 年度現在）

（6）データセンターの新設に伴う設備の支援：データセンターのゼロエミッション化・レジリエンス強化促進事業（データセンターの活用）

データセンターのゼロエミッション化、再エネ活用等、レジリエンス強化に向けた取り組みを支援する事業です。

データセンターのゼロエミッション化・レジリエンス強化促進事業		
対象	内容	補助額（補助率・補助限度額）
② 既存データセンターの再エネ導入等による省 CO2 改修促進事業	既存データセンターの再エネ・蓄エネ設備などの導入および省エネ改修について支援	②～④間接補助事業 ② 1/2（太陽光設備・省エネ設備 1/3） ③④ 1/3 ⑤委託事業
③ 省 CO2 型データセンターへのサーバー等移設促進事業	省 CO2 性能の低いデータセンターにあるサーバー等について、再エネ活用等により省 CO2 性能が高い地方のデータセンターへの集約・移設を支援	
④ 地域再エネの効率的活用に資するコンテナ・モジュール型データセンター導入促進事業	省エネ性能が高く、地域再エネの効率的活用も期待できるコンテナ・モジュール型データセンターについて、設備等導入を支援	
⑤ 再エネ活用型データセンターの普及促進方策検討事業	再エネ活用型データセンターの導入及び利用を促進する方策等の調査・検討	

（令和 5 年度現在）

（7）公共施設の有する（遠隔）制御の設備の支援：公共施設の設備制御による地域内再エネ活用モデル構築事業

　遠隔制御で公共施設の再エネ設備、蓄電池、通信機、エネマネシステム、自営線を制御する事業に対する補助事業です。

公共施設の設備制御による地域内再エネ活用モデル構築事業		
対象	内容	補助額（補助率・補助限度額）
◎ 地方自治体・民間事業者など、廃棄物発電所や上下水道等の公共施設の有する（遠隔）制御可能な複数の設備を活用して、需要制御を行いながら地域の再エネ電力を有効活用できるようにし、公共施設の再エネ比率をさらに高めるモデルを構築する。	災害等有事の際にも強い地域の総合的なエネルギーマネジメントの構築に資する、再エネ設備、蓄電池、通信機、エネマネシステム、自営線などの導入を補助	間接補助事業 2/3（一部上限あり）

（令和5年度現在）

9.4　グリーン成長戦略：輸送・製造関連産業

(1) 電気自動車、プラグインハイブリット、燃料電池自動車の導入：CEV 補助金（クリーンエネルギー自動車導入事業）

　導入初期段階にある**電気自動車**や**燃料電池自動車等**について、購入費用の**一部補助**を通じて、初期需要の創出・量産効果による価格低減を促進します。

◎ 車種により補助金が設定（固定）

◎ 新規登録・自家用（法人含む）車両を対象

◎ 車種によっては、外部給電器・V2H を使用することで災害時の非常用電源としても活用可能

クリーンエネルギー自動車導入事業		
対象	要件	補助額（補助率・補助限度額）
電気自動車（EV）やプラグインハイブリット（PHEV）、燃料電池自動車（FCV）の導入	対象車の購入	補助上限額 EV：85 万円 軽 EV：55 万円 PHEV：55 万円 FCV：255 万円

（令和 5 年度現在）

(2) 電動車部品製造への挑戦、軽量化技術：カーボンニュートラルに向けた自動車部品サプライヤー事業転換支援事業

　電動車部品製造、軽量化技術に対する経営相談、専門家派遣、セミナー・実地研修の事業です。

カーボンニュートラルに向けた自動車部品サプライヤー事業転換支援事業		
対象	内容	補助額（補助率・補助限度額）
◎ 電動車で需要が減少する部品（エンジン部品等）を製造するサプライヤーの電動車部品製造への挑戦 ◎ 軽量化技術をはじめ電動化による車両の変化に伴う技術適応など、中堅・中小サプライヤーの事業再構築	◎ サプライヤーが抱える経営課題の相談に対応 ◎ 研修・セミナー等による人材育成や啓発活動 ◎ 課題を解決する最適な専門家の派遣	経営相談、専門家派遣、セミナー・実地研修、全て無料

（令和 5 年度現在）

9.5　グリーン成長戦略：家庭・オフィス関連産業　ZEH、ZEB

（1）ZEH（Net Zero Energy House）とは、さらなる省エネルギーを実現し、再エネの自家消費率拡大を目指した需給一体型の住宅のこと

　ZEH（ゼッチ）とは**省エネ基準から20％以上の一次エネルギー消費量を削減**したうえで、再生可能エネルギー等の導入により、**100％以上の一次エネルギー消費量削減**を達成する住宅をいいます。なお、省エネ基準には、「屋根・外壁・窓などの断熱の性能に関する基準（外皮基準）」と「住宅で使うエネルギー消費量に関する基準（一次エネルギー消費量基準）」があります。

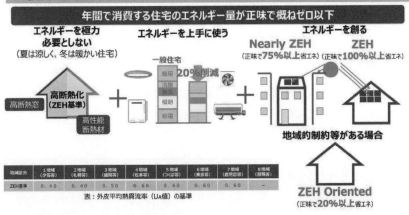

出典：環境省

　ZEH+（ゼッチ・プラス）とは、ZEH の定義を満たし、**省エネ基準から25％以上の一次エネルギー消費量削減**の更なる省エネルギーを実現し、かつ以下の**3要素のうち2要素以上を採用**した住宅です。

① さらなる**高断熱外皮（Heat20 の G2 レベル）**

② **高度エネルギーマネジメント（HEMS の導入）**

③ 電気自動車（PHV 車含む）を活用した**自家消費の拡大措置のための充電設備または充放電設備**

（2）次世代 ZEH は、ZEH+ の要件と導入 1 要素。次世代 HEMS は、エネルギーの見える化、家電、電気設備を最適に制御するための管理システムが条件

次世代 ZEH とは、ZEH+ の定義を満たし、かつ以下のいずれか 1 つ以上の要素を導入した住宅です。

① **蓄電システム**

② **燃料電池**

③ **V2H 充電設備（充放電設備）**

④ **太陽熱利用温水システム**

⑤ **太陽光発電システム 10kW 以上**

次世代 HEMS とは、ZEH+ の定義を満たし、かつ①～③の条件を備えている住宅ことです。

① **蓄電システム**または **V2H 充電設備（充放電設備）**のいずれかを導入した住宅

② さらに、蓄電システム、**V2H 充電設備、燃料電池、太陽熱利用温水システムの設備導入**も可

③ **太陽光発電システム**による**創エネ最大活用による自家消費量拡大**を目指し、**AI・IoT 技術等による最適制御システム**

（3）ZEB（Net Zero Energy Building）とは、高効率設備導入により、快適な室内環境を実現しながら、建物で消費する年間の一次エネルギーの収支をゼロにすることを目指した建物のこと

ZEB（ゼブ）は、快適な室内環境を実現しながら、**建物で消費する年間の一次エネルギーの収支をゼロ**にすることを目指した建物のことです。

建物の中では人が活動しているため、エネルギー消費量を完全にゼロにすることはできませんが、使うエネルギーを減らし（**省エネ**）、使う分のエネルギーをつくる（**創エネ**）ことで、エネルギー消費量を**正味（ネット）**でゼロにする

ことができます。

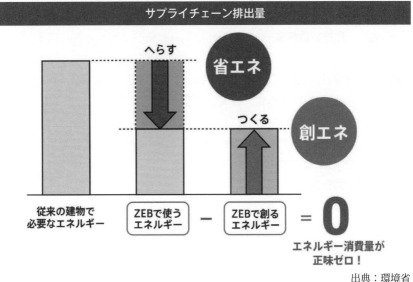

エネルギー消費量が
正味ゼロ！

出典：環境省

　建物のエネルギー消費量をゼロにするには、大幅な省エネルギーと、大量の創エネルギーが必要です。そこで、ゼロエネルギーの達成状況に応じて、**4段階のZEBシリーズ**が定義されています［→9.7（ZEB補助金）］。

　補助金制度・支援制度は、公共・民間、新築・既築、建物の用途、この4つの分類により補助率が異なります。

① **ZEB**（ゼブ）

　省エネ（50%以上）＋（創エネ）100%以上の一次エネルギー消費量の削減を実現している建物

② **Nearly ZEB**（ニアリー・ゼブ）

　省エネ（50%以上）＋（創エネ）75%以上の一次エネルギー消費量の削減を実現している建物

③ **ZEB Ready**（ゼブ・レディ）

　省エネ（50%以上）の一次エネルギー消費量の削減を実現している建物

④ **ZEB Oriented**（ゼブ・オリエンテッド）

　ZEB化が難しい大規模な建築物（延べ面積10,000㎡以上）を対象としたもので ZEB化を指向している建物

9.6 ZEH 補助金紹介：3省（国交省・経済産業省・環境省）による ZEH 支援制度、戸建て・集合住宅（高層）の支援

　国交省・経済産業省・環境省による戸建て・集合住宅（高層）に対する外皮基準、エネルギー消費等を支援する事業です。

ZEH 支援制度		
対象	要件	補助額 （補助率・補助限度額）
【国交省】 ① LCCM 住宅整備推進事業（戸建て） ② 地域型住宅グリーン化事業（戸建て） 使用段階での CO2 排出量の削減、ライフサイクル全体での CO2 排出量の削減	◎ 強化外皮基準 ◎ 太陽光発電などを除く 1 次エネルギー消費量、基準から 25％以上 ◎ 地域型住宅グリーン化事業は 20％以上 ◎ 地域型住宅グリーン化事業は太陽光発電の 1 次エネルギー消費量、基準から 75％（Nearly ZEH）	① LCCM 住宅整備推進事業：上限 140 万円 / 戸以下かつ掛かり増し費用の 1/2 以内 ② 地域型住宅グリーン化事業：補助対象経費の 1/2
【経済産業省】 ① 次世代 ZEH+ 実証事業（戸建て） ② 超高層 ZEH-M 実証事業（集合住宅）(21 階以上)	◎ 強化外皮基準 ◎ 太陽光発電などを除く 1 次エネルギー消費量、基準から 25％以上 ◎ 地域型住宅グリーン化事業は 20％以上 ◎ 地域型住宅グリーン化事業は太陽光発電の 1 次エネルギー消費量、基準から 75 ％（Nearly ZEH）50 ％（ZEH-M Ready）0 ％（ZEH-M Oriented）	① 次世代 ZEH+：上限 100 万円 / 戸 ② 集合住宅 ZEH-M：補助対象経費の 1/2
【環境省】 ① 戸建住宅　ネット・ゼロ・エネルギーハウス（ZEH）化等支援事業 ② 集合住宅の省 CO2 化促進事業（20 階以下）	① 次世代 ZEH+ ◎ 強化外皮基準 ◎ 太陽光発電などを除く 1 次エネルギー消費量、基準から 20％以上 ◎ 太陽光発電の 1 次エネルギー消費量、基準から、基準から 75 ％（Nearly ZEH）50 ％（ZEH-M Ready）0％（ZEH-M Oriented）	① 次世代 ZEH+ 定額 100 万円 / 戸(より高性能)、定額 55 万円 / 戸 ② 集合住宅 （4 〜 20 階）補助対象経費の 1/3、（1 〜 3 階）定額 40 万円×個数

（令和 5 年度現在）

9.7　ZEB補助金紹介：建築物等の脱炭素化・レジリエンス強化促進事業

（1）災害発生時に活動拠点となる、公共性の高い新築の業務用施設の支援：新築建築物の ZEB 化支援事業

災害発生時に活動拠点となる、公共性の高い**新築**の業務用施設の支援事業です。

新築建築物の ZEB 化支援事業		
対象	要件	補助額 （補助率・補助限度額）
◎ 地方公共団体（延床面積制限なし）、民間団体（延床面積 10,000m² 未満） ◎ 対象設備等：ZEB 実現に寄与する設備（空調、換気、給湯、BEMS 装置等）	◎ 災害発生時に活動拠点となる、公共性の高い業務用施設（庁舎、公民館等の集会所、学校等）及び自然公園内の業務用施設（宿舎等）	◎ ZEB：補助対象経費の 2/3 ◎ Nearly ZEB：補助対象経費の 3/5 ◎ ZEB Ready：補助対象経費の 1/2 ◎（補助金額上限：5 億円、延床面積 2,000m² 未満は 3 億円）

（令和 5 年度現在）

（2）災害発生時に活動拠点となる、公共性の高い既設の業務用施設の支援：既存建築物の ZEB 化支援事業

災害発生時に活動拠点となる、公共性の高い**既設**の業務用施設の支援事業です。

既存建築物の ZEB 化支援事業		
対象	要件	補助額 （補助率・補助限度額）
◎ 地方公共団体（延床面積制限なし）、民間団体（延床面積 2,000m²未満） ◎ 対象設備等：ZEB 実現に寄与する設備（空調、換気、給湯、BEMS 装置等）	◎ 災害発生時に活動拠点となる、公共性の高い業務用施設（庁舎、公民館等の集会所、学校等）及び自然公園内の業務用施設（宿舎等）	◎ ZEB、Nearly ZEB、ZEB Ready、ZEB Oriented：補助対象経費の 2/3 ◎（延床面積 2,000m² 未満の ZEB Ready は対象外） ◎（補助金額上限：5 億円、延床面積 2,000m² 未満は 3 億円）

（令和 5 年度現在）

9.8 カーボン・クレジットとは、省エネ機器導入や森林植栽等で生まれたCO2の削減効果をクレジット（排出権）として発行する仕組み

カーボン・クレジットとは、**省エネ機器導入や森林植栽等で生まれたCO2の削減効果をクレジット（排出権）として発行**し、ほかの企業との間で取引できるようにする仕組みです。一方、**削減しきれないCO2排出量**について**カーボン・クレジットを購入**し、**排出量の一部を相殺する**こともできます。

（1）J−クレジットとは、CO2削減・吸収量を市場で取引できる制度

国が整備するJ−クレジットが、2023年4月から本格的に稼働（GXリーグ参加の440社でスタート）しました。

J−クレジット制度とは、省エネルギー設備の導入や再生可能エネルギーの活用、あるいは森林経営により**削減・吸収されたCO2排出量を国が「J−クレジット」として認証する制度**です。

「プロジェクト実施後排出量」（新しい設備導入後の排出量）と**「ベースライン排出量」**（仮にプロジェクトを実施しなかった場合に想定される排出量）の**差分である排出削減量**がJ−クレジットとして認証されます。

J−クレジットの取引		
J−クレジット創出者 （クレジットを販売）	市場を介して売買	J−クレジット購入者 （クレジットを購入）
① 省エネ設備の導入（ボイラーや照明設備など） ② 再エネの導入（太陽光発電設備など） ③ 適切な森林管理（植栽や間伐など）		① 温対法・省エネ法の報告 ② SBTへの活用、RE100の目標達成 ③ カーボン・オフセット ④ 経団連カーボンニュートラル行動計画の目標達成

J−クレジットは、認証された企業や団体（**「クレジット創出者」**と言います）が、**削減・吸収したCO2量を市場で売却**することができるようになります。

取引市場に公開されたクレジットは、CO2排出量削減目標達成が困難な大企業等（**「クレジット購入者」**と言います）が**有償で購入**し、**自社のCO2排**

出削減量（温対法の報告、SBTへの活用、カーボン・オフセット、目標達成）として扱うことができるようになります。

（2）Ｊ－クレジットのメリットは、市場でのクレジット売却により利益を上げられること。Ｊ－クレジット参加により、新たな取引先を獲得できること

　Ｊ－クレジットのメリットは、**市場でのクレジット売却により利益を上げられる**ことです。

　「**オフセットプロバイダー**」と呼ばれる**仲介業者を介した個別の企業間取引も可能**です。Ｊ－クレジット事務局による入札も定期的に開催されており、**利益を得るにはさまざまな方法**があります。現在、2030年の目標年度に向けて、**取引も活発化し落札単価も上昇**しています。

　Ｊ－クレジットへ登録すると、企業名やその取り組み内容が一般に公開されます。広く一般消費者に向けてのアピールにもなり、**企業イメージの向上**につながります。同様のサービスや商品であれば、より環境にやさしいほうが選ばれる傾向（エシカル消費）があり、売り上げの向上に貢献するケースもあります。

　また、Ｊ－クレジットに登録することで、環境価値の交換マッチングとしてのみならず、**新たな商取引が生まれる可能性が大いにあります。**

　特に大企業はCSR（企業の社会的責任）を重視し環境経営を率先する義務があり、CO2排出量の削減にも大きな負担を強いられています。**パートナー企業にもCSR**を求めます。ここに**Ｊ－クレジットのメリット**があります。

（3）Ｊ－クレジットのデメリットは、Ｊ－クレジットの売却額は常に変動していること、登録や取引に時間がかかること、CO2削減のための機器導入のコスト負担が増加すること

　Ｊ－クレジットにはデメリットもあります。クレジットの売却には市場原理が働くため、常に取引単価が変動しています。現在のところ年々取引単価は上昇していますが、**今後登録が増えると供給過多になり、価格が下落するリスク**もあります。

　Ｊ－クレジット制度に登録するためには、CO2の削減や吸収のプロジェクトを立ち上げ、審査を受ける必要があります。

9.8 カーボン・クレジットとは、省エネ機器導入や森林植栽等で生まれた CO^2 の削減効果をクレジット（排出権）として発行する仕組み

J－クレジット制度の流れ

① プロジェクトを計画し、登録の審査を受ける。

② プロジェクト実施を通して CO_2 を削減（同時にモニタリングを実施）

③ モニタリング結果を報告し、クレジット認証の審査を受ける。

審査が通りプロジェクトが**実行された後も、モニタリング調査により実測値を検証する必要**があります。

J－クレジットの認証を受け市場で取引できるようになるまでには３年～４年掛かります。そのため、**短期的な収支計算は立たないのが現状**です。

CO_2 排出量削減のための機器の導入には、環境省の SHIFT 事業を代表とする各種の補助金制度がありますが、それでも**企業には大きな設備投資コストの負担が掛かります**。

J－クレジットの売却を通じて投資回収するには期間が掛かり過ぎるため、クレジット創出者は、**企業に環境経営の理念や目標をしっかり定めないと、導入を進めることは難しいのが現状**です。

（4）J－クレジットの登録手続き、プロジェクト実行後は、一定期間モニタリングの実施と報告があることに注意

クレジットへ参加の一連の**手続き**は、「J－クレジット登録簿システム」を利用した**電子申請**となります。

CO_2 排出量の削減につながる省エネ・再エネ設備の導入についての具体的な手法（「方法論」と呼ばれます）を策定し、「**プロジェクト計画書**」を**提出**します。

J－クレジット制度認証委員会に**プロジェクト計画書の内容が妥当**だと判断されれば、**プロジェクトが登録され一般に公開**されます。

プロジェクトの認証を受けただけでは、J－クレジットは発行されません。**プロジェクトを実行した後のモニタリング調査で、CO_2 排出量の削減値を実測し検証報告をする必要**があります。

　検証報告がＪ－クレジット制度認証委員会に諮問され、**認証されて初めてＪ－クレジットが発行され、クレジット創出者**となります。

第10章

脱炭素化に向けた流れ（グリーントランスフォーメーション）

【経営者対象】

（1）世界の流れは、T（トランジション）G（グリーン）I（イノベーション）F（ファイナンス）の同時推進で、目的を達成（SDGs・パリ協定の実現）する

TGI とは、**トランジション（T）、グリーン（G）、革新的イノベーション（I）** の「**3つの重点分野**」を同時に推進していくことです。

SDGs やパリ協定の目標達成には不可欠であり、これらの事業に対して、**公的資金や民間資金をファイナンス（F）** していくことが重要です。

TGIF の同時推進による目的達成（イメージ）

〈クライメート・イノベーションの3つの重要分野〉

T RANSITION
GHG排出の実質ゼロが短期的には見込めない産業の脱炭素化・低炭素化に向けた移行

G REEN
GHG排出が実質ゼロ或いは顕著な削減により実質ゼロに向けた道筋が明らかな事業

I NNOVATION
GHGの排出抑制、貯蔵、再利用にかかる革新的イノベーションの開発・社会実装

F INANCE
呼び水となる公的資金と併せて、ESGに資するクライメート・イノベーション実現のための能動的な民間資金の供給

〈目的〉
SDGs・パリ協定の実現

〈3つの基盤〉

政府の気候変動対策へのコミットメント

企業の積極的な情報開示（TCFD開示）

資金の出し手によるエンゲージメント

出典：経済産業省資源エネルギー庁 HP
「カーボンニュートラルに向けた産業政策 " グリーン成長戦略 " とは？」

（2）より一層のカーボンニュートラル化は、Scope1・2・3をグリーンデジタル化すること

　2050年カーボンニュートラルに伴うグリーン成長戦略（成長戦略会議）は、将来の**エネルギー**、マテリアルの高騰と、**カーボンプライシング導入**の**対策の方向性**を示しています。

　将来の脱炭素社会に向けた、Scope 1・2・3に対し、

　①**「グリーン by デジタル」デジタル化によるエネルギー需要の効率化・脱炭素化**

　②**「グリーン of デジタル」デジタル機器の省エネ・グリーン化**

の2つの視点を重視することが重要です。

　デジタル化によるエネルギー需要の効率化・脱炭素化（**Scope3 の実施項目**）には以下の項目があります。

　◎ **リモートワークの推進**（通勤等に伴う CO_2 削減）

　◎ **資料の電子化**

　◎ **RPA（ロボティック・プロセス・オートメーション）の導入**を通じた業務効率化

　◎ **人工知能（AI）を活用した自動車運行ルートの最適化**などの業務効率化

　◎ エネルギー使用量や CO_2 等の見える化（社内の意識啓発）

　デジタル機器の省エネ・グリーン化（**Scope1・2 の実施項目**）には以下の項目があります。

　◎ IT関連の**消費電力を下げる省エネ**に配慮した**電子機器の調達**

　◎ オンプレミス（自社設備での運用）から**クラウド環境への変更**

◎著者紹介◎

小久保 優 こくぼ・まさる

小久保都市計画事務所（所長）。NPO 土壌汚染技術士ネットワーク（元理事）。技術士（建設部門／環境部門／総合技術監理部門）。APEC Engineer（Civil Engineering Structural Engineering）。IPEA 国際エンジニア。環境カウンセラー（事業者部門）。元 JABEE 審査員（審査長）、労働安全コンサルタント（土木）、経営支援アドバイザー（経営、技術）、元千葉工業大学非常勤講師。

著書に『現場で役立つ建設リスクマネジメント 119（単著）』『業務に役立つ建設関連法の解説 119（単著）』『今日から役立つ工事原価管理の解説 119（単著）』『技術士第二次試験「建設部門」攻略法（単著）』『建設業のバリューチェーン・マネジメント（単著）』『イラストでわかる土壌汚染（共著）』（技報堂出版）、『国家試験「技術士第二次試験」合格のコツ　論文＆口頭試験戦略（共著）』（日本工業新聞社）、『技術士第二次試験先見攻略法（単著）』（インデックス出版）などがある。

コスト削減ができる
脱炭素経営　　　　　　　　　　　定価はカバーに表示してあります。

2024 年 1 月 15 日　1 版 1 刷発行　　　　　ISBN 978-4-7655-1893-2 C3051

著者　小　久　保　　優
発行者　長　　滋　　彦
発行所　技報堂出版株式会社

日本書籍出版協会会員
自然科学書協会会員
土木・建築書協会会員

Printed in Japan

〒101-0051　東京都千代田区神田神保町 1-2-5
電話　営業（03）（5217）0885
編集（03）（5217）0881
FAX　　（03）（5217）0886
振替口座　00140-4-10
http://gihodobooks.jp/

© KOKUBO Masaru, 2024
落丁・乱丁はお取り替えいたします。

装幀　濱田晃一　印刷・製本　昭和情報プロセス